低碳生活宝典

郭　清　王晓迪 ━━━━━● 主编

杭州出版社

图书在版编目（CIP）数据

低碳生活宝典 / 郭清，王晓迪主编． -- 杭州：杭
州出版社，2023.7
　　ISBN 978-7-5565-2163-0

　　Ⅰ．①低… Ⅱ．①郭… ②王… Ⅲ．①节能－基本知
识 Ⅳ．① TK01

中国国家版本馆 CIP 数据核字 (2023) 第 127720 号

DITAN SHENGHUO BAODIAN

低碳生活宝典

郭　清　王晓迪　主编

责任编辑	屈　皓　郑宇强	
责任校对	陈铭杰	
装帧设计	王立超　倪　欣	
出版发行	杭州出版社（杭州市西湖文化广场 32 号 6 楼）	
	电话：0571-87997719　邮编：310014	
	网址：www.hzcbs.com	
印　　刷	浙江全能工艺美术印刷有限公司	
开　　本	710 mm×1000 mm　1/16	
印　　张	8.5	
字　　数	126 千	
版 印 次	2023 年 7 月第 1 版　2023 年 7 月第 1 次印刷	
书　　号	ISBN 978-7-5565-2163-0	
定　　价	36.00 元	

《低碳生活宝典》编委会

前　言

绿色低碳发展是经济社会发展全面转型的复杂工程和长期任务，随着国民文化水平和素质的不断提升，"节能减排""低碳生活方式"等词语走进了公众视野，其不仅是当今社会的流行语，所含内容更是关系到人类未来的战略选择。提高"节能减排"意识，对自己的生活方式或消费习惯进行简单易行的优化改变，意义十分重大。

本书强调践行低碳生活，首先为读者确立两个理念：一是地球冷暖，匹夫有责；二是更新观念，低碳生活。本书遵照"知信行"行为干预理论，从"掌握知识"到"树立信念"，最终实现帮助老年学员"养成低碳生活方式"的目标。

全书共 15 章，每章细分成 3 节。在章节安排上，首先，从低碳的概念和低碳生活的意义出发，引导老年学员正确认识低碳的含义；其次，分别从衣、食、住、行、游、娱、购等方面出发，指导老年学员践行低碳环保的生活方式；最后，安排常见的废物利用小妙招学习章节，指导老年学员如何动动手指轻松变废为宝。此外，本书还安排有低碳生活志愿者活动组织章节，指导老年学员如何鼓励他人减少不必要的碳排放，积极参与社区低碳活动，实现老有所为的人生价值。

目录

低碳生活宝典
DITAN SHENGHUO BAODIAN

第一章

节能减排，践行低碳生活

　　自 20 世纪 90 年代以来，绿色低碳发展已成为全球大趋势与时代潮流。实现绿色低碳发展也是我国推进生态文明建设、实现共同富裕的内在要求。自党的十八大以来，我们坚持绿水青山就是金山银山的理念，全方位、全地域、全过程加强生态环境保护，绿色、循环、低碳发展迈出坚实步伐，生态环境保护发生历史性、转折性、全局性变化。党的二十大报告指出，要推动绿色发展，促进人与自然和谐共生。本章从绿色低碳的相关概念出发，为大家介绍低碳生活的意义，鼓励大家携起手来，让我们的祖国天更蓝、山更绿、水更清。

第一节 低碳生活的相关概念

一、碳排放及温室效应

气候变暖已成为制约人类经济社会可持续发展的重要障碍。研究表明，20世纪是近千年来最暖的一个世纪，而21世纪全球增暖的速率将超过过去一万年来自然的温度变化速率。

我们常会看到诸如"北极的冰川再次加快融化速度，导致海平面上升"之类的新闻，其中大多会提到"温室效应"这一词语。温室对大多数人来说并不陌生。为什么户外冰天雪地，温室内却温暖如春呢？是因为温室顶棚和四周的玻璃（或塑料薄膜）能够透进太阳光的短波辐射，而室内地面反向的长波辐射却很少能穿透玻璃（或塑料薄膜），这样热量就被留在室内，因此，温室里的温度要比室外高出许多。近年来，由于人类消耗的能源急剧增加，而森林又遭到破坏，导致大气中二氧化碳（CO_2）的浓度不断上升，二氧化碳就像温室的玻璃（或塑料薄膜）一样，并不影响太阳对地球表面的辐射，却能阻碍由地面反射回高空的红外辐射，像给地球罩上了一层保温膜，使地球表面气温增高，导致全球气候变化，这就是"温室效应"。

由于温室气体中最主要的气体是二氧化碳，所以它成为削减与控制的重点，因此用"碳"一字作为代表。在日常活动中，我们时时刻刻都在排放二氧化碳。例如，汽车燃烧汽油、居民家庭使用天然气等，这种通过直接燃烧化石燃料产生的二氧化碳排放被称为直接排放。而生活中电力、热力等的使用过程虽然不产生二氧化碳，但在生产电力、热力的过程中会产生二氧化碳（如火力发电），因此，这类排放被称为间接排放。

二、低碳生活的定义

地球是人类目前唯一可以立足的家园。如果全球气候变暖的趋势得不到遏制，我们迟早会遭遇冰川融化、海水漫涨、土地干旱的境地，而地球上的动植物也会失去栖息地。到那时，真要说一句"何以为家"了！因此，面对环境变化，我们需要做出实际的改变，爱惜及保护供我们及子孙后代赖以生存并繁衍生息的地球。减少碳排放，践行低碳生活，就是每个人力所能及的事情。

低碳生活可以理解为：减少二氧化碳的排放，低能量、低消耗、低开支的生活方式。近年来，这股潮流逐渐兴起，并且潜移默化地改变着人们的生活。低碳生活代表着更健康、更自然、更安全，返璞归真地去进行人与自然的活动。对于普通人来说，低碳生活既是一种生活态度，又是一种生活方式，更是一种进行可持续发展的环保责任。

三、人与自然是生命共同体

人类在经历原始文明、农业文明，进入工业文明之后，在创造巨大物质财富的同时，也加速了对自然资源的攫取，打破了地球生态系统原有的循环和平衡，引发了气候变化、生物多样性丧失等全球性生态危机、环境危机和资源危机，给人类生存和发展带来严峻挑战。

从我国的实际情况看，经过几十年快速发展积累下来的环境问题进入高强度频发阶段，环境污染严重、生态系统退化的形势十分严峻，越来越不能满足人们对美好生活的向往和需求。

2017年10月，党的十九大报告正式提出"人与自然是生命共同体"的理念，强调人类要尊重自然、顺应自然、保护自然。之后，习近平总书记在不同场合多次强调"人与自然是生命共同体"这一理念。"生命共同体"这一概念具有层次性：一是"山水林田湖草沙是一个生命共同体"，涉及对自然本身的理解和认识；二是"人与自然是生命共同体"，涉及对人与自然构成的世界，以及人与自然的关系的认识。

第二节　低碳生活的社会效益

一、碳达峰与碳中和

2020 年 9 月 22 日，国家主席习近平在第七十五届联合国大会一般性辩论上宣布，中国的二氧化碳排放力争于 2030 年前达到峰值，努力争取 2060 年前实现碳中和。自此，"碳达峰"和"碳中和"开始广泛进入人们的视野。党的二十大报告指出，要积极稳妥推进碳达峰、碳中和，立足我国能源资源禀赋，坚持先立后破，有计划分步骤实施碳达峰行动。这为我国的"双碳"行动锚定了目标、指明了方向，明确了路径。

碳达峰，简单来说，就是二氧化碳的排放达到峰值。我国承诺，2030 年前，二氧化碳的排放不再增长，达到峰值之后逐步降低。碳中和，是指企业、团体或个人测算在一定时间内直接或间接产生的温室气体排放总量，通过植树造林、节能减排等形式，抵消自身产生的二氧化碳排放量，实现二氧化碳的"零排放"。简单来说，就是你产生了多少"碳"量，就要通过某些方式来削减或者消除这些"碳"量对环境的影响。实现碳达峰、碳中和是我国向世界做出的庄严承诺。

落实"双碳"目标不是一朝一夕就能够成功的，也不是仅仅依靠个别企业、团体或个人努力就能实现的。这需要我们每个人都能够形成简约适度、绿色低碳、文明健康的生活方式。

二、节能减排的意义

由于收入水平低、能力差、技术人才治理意识不足等的局限，造成了发展过程往往以污染环境为代价。近些年，西方国家总是在环境问题上频频制造"中国威胁论"。实际上，中国一直在为环保做积极贡献，我们提出的从碳达峰到碳中和的目标期限仅为 30 年，远远短于欧美发达国家，这树立了中国负责任的大国形象，彰显了中国推动构建人类命运共同体的大国担当，也是美丽中国建设的需要和保障。

早在"十一五"时期，我国就提出了节能减排的具体目标，时至今日，我们仍然在为节能减排工作不懈努力。节能减排对我们普通民众而言，一些简单易行的改变，就可以减少能源的消耗。例如，离家较近的上班族可以骑自行车上下班，而不是开机动车；短途旅行选择火车作为交通工具，而不搭乘飞机；在不需要继续充电时，随手从插座上拔掉充电器……

三、低碳生活和可持续发展

1972 年 6 月 5 日，联合国在瑞典斯德哥尔摩举行人类环境会议，提出"为了这一代和将来世世代代保护和改善环境"的口号。由此每年的 6 月 5 日被定为"世界环境日"。早在 1962 年，美国作家蕾切尔·卡森就创作了广为人知的科普读物《寂静的春天》，作者以一个寓言故事开篇——

从前，在美国中部有一个城镇，这里的生物与周围环境相处得很和谐。直到有一天，第一批居民来到这儿建房、挖井和筑仓，情况才发生了变化：神秘莫测的疾病袭击了成群的小鸡，牛羊病倒甚至死去。到处是死亡的阴影，农夫述说着他们家人的疾病，城里的医生也愈来愈为他们病人中出现的新疾病感到困惑，被生命抛弃了的地方只有一片寂静……

作者在书中谈到，不是魔法或敌人的活动使生命无法复生，而是人类自己使自己受害。书中描述了人类严重的环境污染和生态破

坏带来灾难性后果的情景，令人警醒。

可持续发展是既能满足当代人的需要，又不对后代人的需要构成危害的发展，让我们用可持续的视角，去重新审视我们的经济社会发展，究竟需要怎样一种正确的打开方式。

❀ 第三节　低碳经济与低碳生活 ❀

一、绿水青山就是金山银山

浙江安吉余村曾因为"靠山吃山"、开矿采石，长期山秃水臭、空气污浊。时任浙江省委书记习近平于 2005 年 8 月在浙江省湖州市安吉县余村考察时，首次提出绿水青山就是金山银山理念。余村停掉了采矿，关掉了水泥厂，探索新的发展之路。如今，余村风景秀美，全村都吃上了旅游饭。当年，从村会议室里传播开来的绿水青山就是金山银山理念，已成为习近平生态文明思想的重要组成部分。

党的二十大报告在对过去五年工作和新时代十年伟大变革的总结中指出，我们坚持绿水青山就是金山银山的理念，坚持山水林田湖草沙一体化保护和系统治理，全方位、全地域、全过程加强生态环境保护，生态文明制度体系更加健全，污染防治攻坚向纵深推进，绿色、循环、低碳发展迈出坚实步伐，生态环境保护发生历史性、转折性、全局性变化，我们的祖国天更蓝、山更绿、水更清。绿水青山和金山银山不是对立的，人与自然环境和谐发展、共同繁荣，是我们民族既有的生态文明理念，也是一种在生产、生活实践中得到验证的生存智慧。当然，建设生态文明，不是要放弃工业文明，而是要以资源环境承载能力为基础，以自然规律为准则，以可持续发展、人与自然和谐为目标，秉持绿色发展、和谐发展的科学发展理念，走生产发展、生活富裕、生态良好的文明发展道路，实现中华民族永续发展。

二、发展绿色低碳产业，推动形成绿色低碳的生产方式和生活方式

党的二十大报告指出，要加快发展方式绿色转型，实施全面节约战略，发展绿色低碳产业，倡导绿色消费，推动形成绿色低碳的生产方式和生活方式。低碳生产方式是指在可持续发展理念指导下，通过技术创新、制度创新、产业转型、新能源开发等多种手段，尽可能地减少煤炭、石油等高碳能源消耗，减少温室气体排放，达到经济社会发展与生态环境保护双赢的发展形态。

低碳生产方式不仅意味着制造业要加快淘汰高能耗、高污染的落后生产力，而且意味着要引导民众反思那些浪费能源、增加污染的不良嗜好，充分发掘消费和生活领域节能减排的巨大潜力。通过十余年的努力，小汽车行驶 100 km 的耗油量下降了约 50%，但由

于小汽车的总量增加了几十倍，污染和二氧化碳排放量也增加了许多倍。可见，低碳生产方式仅有先进技术的支撑是不够的，必须依托于低碳的生活方式才能实现真正的节能减排。

三、低碳行动塑造"高能"未来

如今，在微信、微博等社交媒体上，"135 出行方案"（即 1 km 内步行、3 km 内骑自行车、5 km 内乘坐公共交通工具）成了热搜话题，"地球一小时""少开一天车"等行动倡议得到越来越多人的支持。"芹菜叶不要当作垃圾扔掉，可以摘下洗净，用开水焯透，沥水晾凉后，加醋、盐、辣椒油等调味品，就能摇身一变成为一道美味凉菜。"这是在抖音、小红书等社交平台中经常能够看到的介绍生活小窍门的视频内容。

低碳生活听起来很遥远，实际上，随着生活方式的不断变化，我们都在潜移默化地逐步践行着低碳生活的理念。比如，采购家电时，我们会阅读能效标识，并优先购买低能耗的型号；在家中能养成随手关灯、节约用水、节约每一张纸的好习惯；由于现在高铁等出行方式越来越普遍，可以在短途出行时不开私家车，尽量选择公共交通工具；在餐厅点菜时，厉行节约，不铺张浪费，适量点餐，不剩菜剩饭……这些生活习惯并不难养成。因此，要身体力行参与到低碳生活中来，在微小处减排，让"绿色化"真正化为我们的具体行动，化在衣食住行的点点滴滴中。

低碳生活宝典
DITAN SHENGHUO
BAODIAN

第二章

勇当绿色低碳发展的探路者

　　习近平总书记指出，"中国式现代化是人与自然和谐共生的现代化"。自然是生命之母，人与自然是生命共同体。绿色低碳发展前提在于绿色，只有敬畏自然、尊重自然、顺应自然、保护自然，在守好绿水青山中做大金山银山，才能真正走出一条生产发展、生活富裕、生态良好的绿色低碳发展之路。通过本章的学习，大家可以在践行低碳生活的实际行动中，学习碳足迹计算器的使用方法，并学会制作二氧化碳减排行动计划表，尝试参与组织一场低碳生活宣传活动，鼓励身边的亲朋好友一起加入，共建共享美好的明天。

第一节　成为低碳生活的宣传者

一、深刻把握"人与自然和谐共生"的生态逻辑

我们可以问问自己，绿色是什么的象征？绿色，是生命的象征，绿色代表了希望。无法想象，如果有一天，地球上没有了绿色，那么人类的文明将会如何，到那时，也许只有灰飞烟灭，一切的一切都只会湮没在漫天飞沙之中。当一片片郁郁葱葱的森林被无垠的荒漠黄沙所取代，当在蔚蓝的天空中飘荡的白云被滚滚黑烟所替代，当为地球起保护作用的臭氧层被氟利昂所破坏，我们是否听见了森林的哭泣、白云的叹息、臭氧层的控诉呢？

我们每个人，绝不是低碳生活的旁观者，这绿水青山，人与自然和谐共生的美好画卷，需要我们一代一代人亲自用环保之手来绘就。个人的力量也许很微薄，但是在14亿多中国人的共同努力下，绿水青山必会舒展笑颜。

二、鼓励身边的人选择低碳生活

当我们已成为一名环保卫士的时候，还需要做的就是将爱人、朋友、邻居拉进环保的"大家庭"。这时，你就不仅是环保卫士，而且是环保导师了。

首先，要树立低碳理念，学习、积累低碳生活常识。把低碳理念落实到日常家庭生活中去，自觉节约每一滴水、每一度电、每一滴油、每一张纸、每一粒米……提倡家庭使用手帕，少用纸巾，不剩菜，不倒饭，减少家庭开支，以家庭的节约行动减少二氧化碳排放量。相信你的家人在看见你做出了这些改变后，一定会加入你的队伍。

其次，要践行绿色生活。倡导绿色消费，不使用一次性用品，在家中养花种草，减少生活垃圾，不随地吐痰，不乱扔纸屑，降低家庭生活对环境的污染，共同建设绿色生活环境，维护家园的碧水蓝天。

最后，要践行健康生活。努力把健身、健康和低碳生活紧密结合起来，平时多乘坐公交车，减少私家车使用频率，多走路、多骑车，多走楼梯、少乘电梯，多做户外运动，不做"宅人"，以更加健康的体魄和生活引领时代风尚。

三、创建低碳生活社区

如果你在所居住的社区还担任业主群的群主、业委会的负责人等，那么，我们可以坚信，你一定是一位热爱生活、关心邻里的有心人。现在，很多城市都在创建低碳生活社区，我们也可以行动起来，为低碳生活社区的建立和完善贡献自己的力量。

（一）倡导以低碳理念引领社区

在用电用水处张贴节约标志，落实离家后关闭电灯、水龙头等举措；在社区中开展垃圾分类宣传活动，普及可回收垃圾与不可回收垃圾的区别等知识，配备分类垃圾箱；面向社区居民、家庭开展"低碳生活金点子"征集活动，征集节能减排环保小窍门。征集的成果及时在社区科普宣传栏中汇总公布，并编辑制作成"社区居民低碳生活小窍门"宣传小册子，发放到社区家庭中。

（二）培育低碳文化和低碳生活方式

集中在街道、楼院、小区广场，利用宣传栏、横幅在社区开展节能减排宣传活动。采取多种形式，在知识普及、宣传倡导、生活服务上引导居民，采用节能装修材料，选购节能家电和简约包装的商品，鼓励采用步行、骑自行车、乘坐公共交通工具、拼车等低碳

出行方式，全面推进太阳能热利用，提高清洁能源使用比重，使大家自觉从自己做起、从家庭做起、从点滴做起，应用低碳生活技巧，让低碳成为一种生活习惯。

（三）动手营造优美宜居的社区环境

遵循自然规律，社区绿化尽量采用原生植物，建设适合本地气候特点的自然生态系统。充分利用绿化带隔声降噪，建设满足居民休闲需要的公共绿地和步行绿道。加强社区生态环境用水节约、集约、循环利用，尽量采用雨水、再生水等非常规水源。加强社区公园、广场、文体娱乐场所等公共服务场所建设。

♻ 第二节 争做低碳生活的践行者 ♻

一、碳足迹计算器

碳足迹是指个人、组织、活动或产品直接或者间接导致的温室气体排放总量。消耗的碳元素越多，排放的二氧化碳就越多，碳足迹也越大。在节能减排已成为新风尚的今天，我们可以计算出自己和家庭在日常生活中的碳足迹，如何减碳，也就有计可施了。

以下是我们在日常生活中常遇到的碳足迹：

家庭用电的二氧化碳排放量（kg）= 耗电度数 ×0.785× 可再生能源电力修正系数；

家用小汽车的二氧化碳排放量（kg）= 油耗升数 ×0.785；

家用天然气的二氧化碳排放量（kg）= 天然气使用立方米数 ×0.19；

家用自来水的二氧化碳排放量（kg）= 自来水使用吨数 ×0.91；

垃圾的二氧化碳排放量（kg）= 千克数 ×2.06。

乘坐飞机的二氧化碳排放量（kg）：

短途旅行（200 km 以内）= 千米数 ×0.275× 该飞机的单位客舱人均碳排放量；

中途旅行（200—1000 km）=55 + 0.105×（千米数 – 200）；

长途旅行（1000 km 以上）= 千米数 ×0.139。

上面是一些常用的碳足迹计算公式，但是细分起来，我们吃的不同品类的肉、水果，洗涤的不同材质的衣物等，所产生的碳足迹都是不同的。现在，有很多机构开发了名为"碳足迹计算器"的程序。拿国家电网开发的"居民碳足迹计算器"来举例，你可以下载"网上国网"App，进入碳足迹计算器功能模块，输入用能情况、饮食习惯、出行方式等生活数据，即可自动生成个人的碳足迹明细，从衣食住行用多角度展示个人碳排放行为及其占比，以及年碳足迹量、消除碳足迹需要植树的棵数等信息。另外，家庭用电多，自然碳排放量也高。这样，不仅可以鼓励我们节约用电，节省开支，而且能很直观地发现自己碳足迹升高的原因，从源头减少碳排放。

二、制作二氧化碳减排行动计划表

以下是一份二氧化碳减排行动计划表，当你完成了所有的行动计划后，将结果填写在下面的表格中。

表2-1 二氧化碳减排行动计划表

行动	可减排二氧化碳量	将要采取行动	已经采取行动	完成日期
减少固体废料—— 减少的固体垃圾； 可回收固体垃圾利用率100%	708—1415 kg 590 kg			
洗澡时减少热水的使用—— 安装低流量淋浴头； 淋浴时间缩短为5分钟	113 kg 136 kg/人			
减少洗碗时的用水量—— 每周减少使用洗碗机的次数； 保持手洗碗碟的习惯； 购买节能型洗碗机	45 kg/桶 57 kg 57 kg			
更高效地洗衣及晾衣—— 每周减少使用温水或热水洗衣的次数； 每周减少烘干机的使用次数； 购买节能滚筒式洗衣机	45 kg/桶 118 kg 227 kg			

续表

行动	可减排二氧化碳量	将要采取行动	已经采取行动	完成日期
冬天减少空调使用次数—— 家里有人时把空调温度调至20℃；没人时关闭空调； 完全关掉家中的电器	635 kg 272 kg			
合理使用空调降温—— 清洁过滤网； 空调温度调至26℃； 购买节能空调	159 kg 27—109 kg 272 kg			
减少汽车使用频率—— 汽车使用频率减少20%	204—1814 kg			
吃本地、少加工的食物——	318 kg			
更高效地使用热水器—— 把水温调至50℃以下； 把热水器设置为保温模式； 安装太阳能热水器	68 kg 79 kg 1134 kg			
安装节能灯——	45 kg/灯			
使用可持续能源的家居用品—— 给阳台和墙壁装上保温层； 安装系统门窗； 购买节能冰箱	544 kg 363 kg 227 kg			
总计				

♻ 第三节　组织一场低碳生活宣传活动 ♻

一、撰写低碳生活宣传活动策划书

活动主题："低碳环保　健康出行　绿色交通"宣传活动。

活动背景：21世纪，在能源与经济以至价值观发生大变革的形势下，人类将会逐步迈向生态文明的新路，倡导低碳环保，学习低碳知识，宣传低碳生活尤为重要。

活动目的：以骑自行车出行的形式，利用标语、漫画等向公众介绍低碳的概念，展示老年人积极参加环保活动的决心和行动。

参与人员：社区全体老年人，鼓励全家一起参与。

活动内容：宣传低碳环保。为了达到宣传的广泛性，在社区和居委会的支持下，可早上5：30从社区出发，环西湖骑行，最后到达断桥。途中在孤山、柳浪闻莺、苏堤南端等地开展"低碳环保万人签名"活动并散发传单。居民自制衣服，将环保漫画贴在胸前并加上相应的标语，既能体现活动的新颖性，又能起到宣传的作用。

二、全国低碳日的宣传及活动组织

全国低碳日为每年全国节能宣传周的第三天。每年的全国低碳日都有不同的主题，在低碳日到来之时，我们可以积极向社区建言献策，比如开展节能环保家庭、社区低碳知识竞赛等活动。

活动形式：

1.在《××晚报》上刊登××市节能环保家庭、社区低碳知识竞赛试题，组织广大居民及家庭参与知识竞赛。组织××市代表队参加省级家庭节能减排知识竞赛。

2.在全市开展"我家节能环保一件事"征集活动。总结交流宣

传家庭节能环保的好做法、好经验、好典型。评选出"家庭节能环保金点子"，可在报纸、网站上刊登，在电视上展播。

3. 开展高效节能家电进社区推广活动。推广节能家电是提高全民节能环保意识的有效途径。为此，国家安排专项资金，支持节能家电的推广使用。通过开展有财政补贴的节能家电进社区推广活动，让居民真正了解使用节能家电带来的实惠和好处。

简约时尚，低碳着装

衣食住行是人类最基本的需求。在人们的衣食住行中，衣排在第一位。因为衣服不仅仅能御寒消暑、防风挡雨、蔽体遮羞等，还具有装饰身体、美化生活、显示身份地位、彰显民族信仰等多种作用。实际上，在我们的日常着装中也可以践行低碳环保的理念。本章的内容从衣物产生碳排放的原因出发，分析什么样的服装属于低碳服装，并教会大家如何选购低碳服装。

♻ 第一节　衣物产生的碳排放 ♻

一、衣物产生碳排放的原因

服装行业是一种复杂的行业，一件衣服涉及长期和多样化的生产供应链，从原材料获取、纺织品制造、服装设计和制作、运输、零售、消费者使用以及最终被丢弃处理，服装的全生命周期不仅会产生间接的碳排放，还会产生直接的碳排放。

1. 原材料：是指使原材料发生转变的所有流程中的碳排放，如种植棉花需要大量水。

2. 能源：是指与服装材料生产环节的能源供应和使用相关的碳排放。

3. 设施运行：是指工厂、仓库等场所的照明、加热、冷却、通风、湿度控制和其他环境控制所产生的碳排放。

4. 运输：是指与原料、产品在工厂内移动有关的运输所产生的碳排放，包括与燃料运输有关的碳排放。

5. 储存：如使用阶段的产品、再利用或回收前的产品储存（如制冷、供暖、湿度控制等）都会产生碳排放。

6. 废物处理：如填埋、焚烧、污水处理等产生的温室气体。

二、一件衣服的碳排放量

一件 250 g 的纯棉 T 恤在其"一生"中大约排放 7 kg 二氧化碳，是其自身质量的 28 倍。一条 400 g 的涤纶长裤，经过原料采集、生产制作、销售等环节，到达消费者手中，在经过多次洗涤、烘干、熨烫后，它所消耗的能量大约是 200 kW·h，相当于排放 47 kg 二氧化碳，是其自身质量的 117.5 倍。

再比如，服装行业是全球第二大用水行业，也造成了全球 20% 的工业水污染。生产一件棉衬衫大约需要 2700 L 水，如果一个人每天喝 8 杯水（1.5—1.7 L），可供其连续喝上 4 年左右。生产一条牛仔裤大约需要 7500 L 水，这足以供一个每天喝 8 杯水的人持续喝上 10 多年。

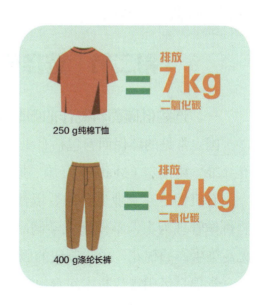

250 g纯棉T恤 = 排放 **7 kg** 二氧化碳

400 g涤纶长裤 = 排放 **47 kg** 二氧化碳

三、低碳穿衣风格新时尚

目前，低碳穿衣风格已成为一种新的时尚，生活中经常会看到"极简生活"等字眼，其中就包含了这种环保的穿衣理念。在这股新风潮下，我们可以做很多事，比如选择低碳排放量的材料、可循环利用的材料制成的服装，而且这些减少加工程序的服装还更加有益于身体健康。虽然时尚千变万化，但归根到底，大方简洁、庄重典雅、符合身份才是永恒的潮流。相比那些花里胡哨的服装，有些传统的衣着不但不会随着潮流更替而很快被淘汰，反而更舒适耐用；而一味地盲目追逐时尚，反而会失去自我的风格。并且，我们还可以通过服装搭配小技巧，使用少量的服装搭配出不同风格，提高衣物的利用率，何乐而不为呢？

♻ 第二节　选择购买低碳服装 ♻

一、选购低碳面料制作的服装

国内常见的环保面料包括有机棉、彩棉、竹纤维、大豆蛋白纤维、麻纤维、莫代尔（Modal）纤维、原木天丝等。

有机棉是在农业生产中，以使用有机肥、生物防治病虫害、自然耕作管理为主，不使用化学制品，从种子到农产品全过程纯天然无污染生产的棉花。由它制成的服装柔和贴身、透气性好。

彩棉是运用现代技术培育出来的一种具有天然色彩的新型棉花。由它制成的服装质地柔软、颜色柔和。

竹纤维是从自然生长的竹子中提取出的一种工艺纤维，属天然纤维，因其木质素含量高，纤维硬脆，所以需要和其他纤维混纺使用。目前市场上广泛使用的多是竹浆纤维，属再生纤维素纤维。其特性包括耐磨、不起球、高吸湿性、快干性、高透气性、悬垂性优良等，且有一定的防霉、防蛀、抗菌性能，穿着凉爽舒适。

大豆蛋白纤维属于可降解性再生植物蛋白纤维。其织物具有羊绒般的手感、真丝般的光泽和棉的透气保暖性，亲肤舒适，被誉为"21世纪健康舒适型纤维"。

麻纤维是从各种麻类植物中取得的纤维。其粗细长短和棉相近，可织成各种凉爽的细麻布、夏布，麻和亚麻纤维透气性好。

莫代尔纤维是以榉木木浆为原料纺丝而成的纤维，属再生纤维素纤维。其特性是纯天然、可降解，吸湿性、透气性都要优于棉，常用于高端内衣裤。

原木天丝是一种运动型环保面料。其特殊的纳米螺纹分子结构就好像面料表层空气流通的管道，保证充足的循氧量，锁住水分，所以有相当好的透气性和调湿性。

二、延长衣物使用年限

除了在日常购物中尽量选择由上述环保面料制成的服装外，还可以通过延长衣物使用年限助力低碳环保。

将外出时穿的衣物和家居服分开，回家后脱下外出穿的衣服，换上舒适的家居服，以延长服装的使用寿命。

日常生活中爱惜衣服，做饭、干家务时穿戴围裙或劳动服。特别需要注意衣物的收纳和折叠，大衣等挂在衣橱里，内衣、T恤、裤子等折叠好放入衣柜，避免在家中乱堆乱放衣物，否则容易导致在大扫除的时候需将所有的衣物全部重新清洗一遍。要知道，如果每天清洗和烘干1件衣物，每年就会产生大约440 kg的二氧化碳当量，这大概相当于3次从北京飞往上海的碳足迹。

三、选择衣物的环保5R原则

快时尚风靡的时代会产生大量资源的浪费。请问问自己：是不是有些衣服买的时候很喜欢，买回家后却一次没穿过？是不是有很多款式重复的衣服？

真正的低碳环保服装选购技巧，需要坚持环保的5R原则，即Reduce（节约能源及减少污染）、Reevaluate（环保选购）、Reuse（重复使用）、Recycle（分类回收再利用）、Rescue（保证自然与万物共存）。

节约能源及减少污染：关注衣物的面料是否环保，生产过程是否需要额外排放过多的二氧化碳。

环保选购：一般来说，浅色衣物比深色衣物更环保，也可以关注衣物标签上是否有环保标识。

　　重复使用：添置衣物的时候，对现有的衣物进行评估，与现有衣物款式相似、颜色接近的衣物，或适用场合少的衣物尽量不选。

　　分类回收再利用：可以再次穿着的衣服可以选择赠送、捐赠，无法穿着的衣服可以投放在小区里的旧衣物回收桶中，或者通过手机程序进行"旧衣回收"。

　　保证自然与万物共存：在购买和使用衣物的全过程，特别要注意环保意识的培养，热爱大自然，节约能源，减少废物排放。

♻ 第三节 低碳环保的着装方法 ♻

一、拒绝皮革服装

天然皮草是用动物毛皮制成的衣物，在很长的一段历史时期内，其成为奢华和身份的象征。但从环保角度讲，天然皮草在制作过程中会用到大量化学品进行脱脂和清洗，对周边水质和环境均造成破坏。这与低碳环保理念相违背。

零皮草生活（Fur Free Life）是由行动亚洲动物保护团队提出的一种生活方式，是指在生活中不使用任何动物皮草元素制品，愿意表明自己拒绝皮草的态度，并号召周围的人一起践行零皮草的举动。

除了天然皮草外，还有一类人造皮草也受到人们的追捧。但是，根据科学统计，人造皮草在整个生产过程中产生的碳排放比天然皮草还高 17% 左右。

二、学会挑选合适的鞋子

鞋类制造所产生的温室气体效应非常严重。比如，有的充气运动鞋的鞋底气垫充满了六氟化硫，这是一种合成的人造惰性气体，也是最强的温室气体之一，排放在大气中的六氟化硫气体寿命很长，可达 3400 年左右。

鞋类除了橡胶底，还有皮革等各种材质，这些都是二氧化碳排放的大户。所以，买鞋贵精不贵多，一双品质好、舒适、易搭配的鞋子能够多穿几年，比华而不实的装饰类鞋子要环保很多。

三、配饰不是越多越好

日常穿戴离不开珠宝首饰、钱包、手提袋等配饰，但是普通的饰品有很多是由塑料、金属等制成的，这些饰品不是低碳生活所提倡的。在日常生活中，配饰的选择建议少而精，塑料耳环、金属项链等尽量少买少戴。

近年来，一些引领时尚的珠宝配饰为环保事业做了一定的贡献，比如：那些由来自大自然的未经切割打磨的宝石制成的珠宝；那些由能够回收甚至再生的有机材料，如贝壳、珊瑚、海螺和珍珠等制成的珠宝；等等。而且，低碳首饰的每件作品都是纯手工制作，因此所用到的材料的颜色、质地以及可塑性，都将是每个首饰设计师要面对的创意挑战。

低碳生活宝典
DITAN SHENGHUO
BAODIAN

第四章

健康环保，低碳饮食

　　低碳生活是指低能耗和低污染的生活方式，或者说是以减少温室气体排放为特点的生活方式。低碳生活自然包括低碳饮食，低碳饮食首选低碳食物。低碳食物指的是在生产过程中排出的二氧化碳比较少的食物。现如今，在不知不觉中，很多都市人成了低碳饮食的践行者。低碳饮食在国外已经持续了30多年，营养专家指出，低碳饮食要求以时令果蔬为饮食主体，以天然食品为主，反对加工类食品，侧重煮、煲、烫等烹饪方式。本章从食物产生碳排放的原因出发，介绍健康低碳饮食的基本原则，并教会大家如何在家中进行低碳烹饪。

第一节 食物产生的碳排放

一、食物产生碳排放的原因

食物产生的温室气体排放主要来自畜牧业生产、农业活动、用水过度及制冷气体排放。

畜牧业和渔业的碳排放来源于牲畜的粪便发酵、反刍动物（牛、羊等）胃肠道发酵带来的甲烷排放，以及捕鱼机械设备能耗和管理能耗。

农作物生产的碳排放为人类直接消费的食物和动物饲料。

土地占用的碳排放是因饲养牲畜导致土地占用或性质改变而带来的碳排放，一般是粮食生产的两倍。

供应链部分的碳排放主要是设备能耗、制冷剂逸散等。

二、低碳食物的选择

高碳食物和低碳食物，可以靠食物在生产过程中所消耗的能源和排放温室气体的多少来区分。在食品的生产、运输和销售过程中，耗能低、排放温室气体少的可称之为低碳食物，反之就是高碳食物。

高蛋白、高脂肪的食物比谷类食物在生产过程中所消耗的能量更多，排放的二氧化碳也更多。生产 1 kg 牛肉所消耗的能量，相当于生产 10 kg 谷物所消耗的能量；生产 1 kg 猪肉所消耗的能量，相当于生产 4—5.5 kg 谷物所消耗的能量；生产 1 kg 鸡、鸭肉所消耗的能量，相当于生产 2.1—3 kg 谷物所消耗的能量。同时，生产 1 kg 牛肉相当于排放 36.4 kg 二氧化碳，生产过程中使用的化学肥料相当于释放 340 g 的二氧化硫和 59 g 的磷酸盐，耗费 1.69 亿焦耳（相当于 47 度电）的能量，足以持续点亮一个 100 瓦的灯泡将近 20 天。

三、节约粮食，杜绝浪费

研究显示，中国餐饮业人均食物浪费量为每人每餐 93 g，浪费率为 11.7%，大型聚会浪费率甚至高达 38%。当我们把浪费的食物换算成食物从养殖（种植）到烹饪过程中的碳排放时，就能发现光盘行动有多么重要。

我们可以对一次买多少食材，每顿饭做多少量进行规划，自家煮饭炒菜，量足、营养、健康即可。

外出就餐，点菜应该摒弃"剩得多，面子足"的错误观念，荤素搭配，按需点菜，既保证大家吃饱吃好，又能做到节约环保。剩菜剩饭提倡打包带走。要知道，少浪费 0.5 kg 水稻，就能减少 0.47 kg 的二氧化碳排放。

♻ 第二节　健康低碳饮食的原则 ♻

一、膳食指南和平衡膳食宝塔

《中国居民膳食指南（2022）》提出平衡膳食八准则：食物多样，合理搭配；吃动平衡，健康体重；多吃蔬果、奶类、全谷、大豆；适量吃鱼、禽、蛋、瘦肉；少盐少油，控糖限酒；规律进餐，足量饮水；会烹会选，会看标签；公筷分餐，杜绝浪费。

根据膳食指南设计出的平衡膳食宝塔共分5层，各层面积大小体现了不同食物量的多少。五大类食物包括谷薯类，蔬菜水果类，动物性食物，奶类、大豆和坚果类以及烹调用油盐。食物量根据不同能量需要量设计，体现了一段时间内正常成年人每人每天各类食物摄入量的建议值范围，详见图4-1。

二、多食用当季、在地、少人工加工的食材

当季食材是根据节气而生长、成熟的食物，可少用农药及肥料。当季和

图4-1　中国居民平衡膳食宝塔
（引自中国营养学会《中国居民膳食指南（2022）》）

非当季食材的碳排放量可相差 10 倍，而且当季食材新鲜营养，更加美味。

在地食材指生长在本地的食物，可减少运输过程中所消耗的能量，相应降低能源消耗带来的碳排放量。选购食材应以本地生产的为主，在地食材通常比较新鲜，营养价值高，经过空运等方式运输的食材，营养成分常会随着运输时间的变长而减少。

最后，应尽量挑选少人工加工的食材，选择经风干、日晒等自然加工方式制成的食材。人工加工时可能会需要冷冻、冷藏、高温、高压、包装等，这些都会耗费不少能源。

三、有机食品的选择与鉴别

有机食品是指来自有机农业生产体系，根据国际有机农业生产要求和相应的标准生产加工的，并通过独立的有机食品认证机构认证的农副产品。推荐购买的有机食品包括绿叶菜、水果、肉类及乳制品。

判定有机食品的真假，首先看有没有有机食品标志和认证机构标志。有机食品都会有一个有机标签，上面有两个标志，一个是有机食品的标志，另一个是认证机构的标志，详见图 4-2 和图 4-3。其次扫码进入中国食品农产品认证信息系统查询有机码。经过认证的有机食品，可以在中国食品农产品认证信息系统（http://food.cnca.cn/）"有机码查询"目录中查到。是否为有机食品，一查便知。

图 4-2　中国有机食品、产品标志

图 4-3　中国有机食品认证机构标志

◦ 第三节　低碳烹饪方式 ◦

一、几种节能烹饪方式

烹调时碳排放主要来自能源（天然气、煤气、电等）的使用，可以选择最适合的烹饪方式和火候以降低碳排放量。

集中烹调
冰箱只装七分满
先解冻再烹调
使用节能锅具
适当生食

适当生食。准备生菜沙拉或凉菜,既不需要过多烹饪,还可以留住蔬菜中的维生素等物质。但不是所有的蔬菜都适合生吃，豆类、菠菜、苋菜等不能生吃。

先解冻再烹调。食材在煎、炒、烤之前最好将水沥干，比如炸鱼，这样既可以节省能源，又可以节约时间。

冰箱只装七分满。将食材用小包装袋进行分装，每袋的量当餐吃完。冰箱每周清理一次，快过期的食物抓紧吃完。

集中烹调。使用烤箱的时候，将多种食物一同烤制，可节省能源；吃火锅的时候，按照先烫蔬菜，后烫肉类的次序也能节约能源。在煮或焖炒食物的时候盖上锅盖，可减少燃气消耗量。

使用节能锅具。有的锅可以一次烹饪多种食物，比如电饭锅、蒸锅、蒸烤箱等，节能又方便。

二、炒菜顺序巧安排

做饭时一般按步骤进行——淘米、煮饭、择菜、洗菜、切菜、炒菜，合理安排好顺序，能在最短的时间内做好饭，同时节省气、油、电。

可以先淘米煮饭，或者是焖米，米最好提前泡一二十分钟，熟得更快。煮饭后，择菜、洗菜、切菜、配菜，并准备好调料。根据食材和各道菜的特点安排顺序：先做凉菜；炒菜要集中，炒得快的菜先炒；素菜放的时间长了会影响口味，可以先炒荤菜，再炒素菜。

煮、蒸饭菜或炒菜时，盖上锅盖，饭菜可以熟得更快，味道也更鲜美。另外，放饭菜的餐具也应提前洗净备好。

用火时，尽量减少炉具的开关次数，减少跑气，这样可以降低对空气的污染和减少对电子打火件、灶具开关的磨损。

做好饭后要关好燃气开关。在关火时，要先关闭总阀门，这样才不会让气体白白跑掉。最后检查是否关闭水龙头、切断电源等。

三、菜肴蒸制更低碳

最理想的烹调方法当数蒸，可按照下面的方法操作：

凉菜可先将食材蒸熟，然后浇汁。青菜、圆白菜浇炝葱花豉油汁；茄子、豆角浇蒜泥麻酱汁，或酱油醋加香油；南瓜、莲藕浇桂花蜜汁。蒸绿叶菜的关键是控制好时间，把菜平铺在瓷盘上，放进蒸锅，按菜量多少和火力大小调整蒸的时间，通常蒸2—5分钟即可。

酱豉蒸和加粉蒸往往用于烹调鱼、肉，把肉切成蝴蝶片，中间抹上酱料或撒上豆豉碎、调味米粉或其他调味品，在蒸的过程中让食材慢慢入味。糯米蒸是把预先腌渍入味的肉类或丸子表面裹上浸泡过的糯米，蒸熟后食用。填料蒸是在一种食材里填上另一些食材，比如在豆腐皮做的袋子里或整鸡肚子里加入香菇、笋片、肉丁、海鲜等配料。连汤蒸是把味道清淡的菌类、蔬菜、豆制品、肉丸等食材放进鸡汤、肉汤中，在蒸的过程中让汤的鲜味进入食材中。隔水蒸是把食材放在小盅内，加水和少量姜片等调料，盖上盖子，让食材的香气和鲜味无法散失，保证汤味的纯正自然。

低碳生活宝典
DITAN SHENGHUO
BAODIAN

第五章

减少排放，低碳居住

　　中国碳排放的一半来自建筑物。我们日常的居住活动会产生大量的碳排放，由此可见，低碳居住是践行低碳生活的一大重要途径。低碳居住可以被理解为以较少的碳消耗换取高质量的生活。学习完本章的内容，你可以发现，其实低碳与日常居住的结合是可以在很多层面实现的，从房屋购买、装修选材等，到我们日常生活的节能减排、节能电器的使用与生活习惯的养成等各方面，都能实现低碳环保。

♻ 第一节　住宅产生的碳排放 ♻

一、住宅产生碳排放的原因

每次关闭电视或电脑等家用电器时，你完全关掉电源了吗？如果答案是没有关，那么你就在待机的家电上耗费了不少能量。

炎热的夏季，家里每个房间的空调是不是都开着？你会不会为了尽可能舒适，将温度调到25℃甚至更低？家里的电灯等照明工具，是白炽灯还是节能灯？在寒冷的冬天，从家里的门、窗、地下室、阁楼等处的缝隙中所漏掉的热气，和一扇正常大小的窗户开一整个冬天所散失的热气一样多。

二、低碳住宅的构成要素

低碳建筑是指在建筑材料与设备制造、施工建造和建筑物使用的整个生命周期内，减少化石能源的使用，降低碳排放。

老社区、老住宅也可以统一改造，如煤改气、暖气改造、采用太阳能发电、安装地热供暖系统等，实现绿色节能，减少碳排放。

人们向往住大房子可以理解，但人均住房面积也要适度。无节制地追求豪宅，势必会过度占用耕地和过度耗费能源。大房子的建造会增加碳排放量，建成后也需要更多的能源来保温和制冷。

三、如何选择低碳排放的房屋

一般人一生当中至少有一半的时间都是在家里度过的，因此，如何在家庭环境中实现低碳生活尤为重要。

在房屋的选择上可以从以下几方面来考量：

首先，购买新房时，如果是低碳建筑，开发商一般都会对此进

行宣传，可以直接咨询
售楼部。

其次，房子够住就好，尽量选择小一点户型的房子。现在人们的生活水平提高了，所住的房子也越来越大了，这样会耗费大量的建材，也意味着会用更多的水、电、气等能源。

在挑选房屋的时候，可以看它是不是充分利用自然能源，比如优化建筑朝向，尽可能利用自然风、自然光等。这些做法可使我们的住房既舒适明亮，又节能环保。

最后，还应该注意选购保温性好的节能房屋，在冬季可以节省不少供暖消耗。居住建筑室内的三分之二热量是通过外墙和窗户散失到室外的，保温性能差的房子会增加室内外能量交换，增加空调电耗。

现在很多商品房是精装修房，精装修就是为了低碳环保，避免二次装修带来的环保问题。但是某些项目的精装修反而不环保，业主在收房后拆改现象严重，这就违背了精装修的初衷。因此，在挑选精装修房时，应该特别注意开发商的资质和口碑，尽可能选择采用装配式装修的房屋，这种装修方式不会产生灰尘、噪音和气味，装修完成后可直接入住。

♻ 第二节　家用电器的低碳选择 ♻

一、厨房电器的选择

冰箱的压缩机像是一个永不停歇的心脏。目前，市场上大部分冰箱的能效比已达到 2 级以上，所以，冰箱的耗电量更多地取决于使用习惯。尽量少开门，且冰箱内物品过满或过空也都比"半载"冰箱更耗电。四门冰箱比同样容积的单门或双门冰箱更省电。

除了冰箱外，我们家中都有像电磁炉、豆浆机、电水壶等小家电，这些小家电是真正的"电老虎"。比如，使用电磁炉烹饪半小时就会用掉一台冰箱全天的用电量，而豆浆机、破壁机的耗电量是液晶电视的 2—5 倍……

将米浸泡10分钟节电约10%

节能电饭锅每年减排二氧化碳8.65 kg

要重视厨房小家电的使用习惯，不要轻易使其处于空载状态。及时清理电水壶内的水垢、榨汁机内的残渣、电磁炉表面的油污，以避免过多的能耗。关于小家电能效等级的国家标准还在制定中，用不了多久，低等级的产品将逐渐被淘汰。

二、制冷设备的选择

家中想要维持舒适的居住温度，制冷设备是必备的家用电器。下面介绍几种实用的制冷设备的低碳使用方法。

低碳空调自有"变"数。选择空调最重要的是分清"定速"和"变频"。哪种空调更节能，要根据消费者的使用习惯来确定：如果习惯连续使用（比如连续使用 8—10 个小时或更长），变频空调更省电；如果只是使用一两个小时或更短，定速空调更节能。对于不同的空间，选择不同款式、不同功率的空调更有利于实现低碳生活。夏季制冷时，将空调温度调至26℃及以上能更省电。空调要一个月清洁一次过滤网，去除塞住网孔的灰尘，这样做既能保证制冷效果，也能更加省电。

巧用电扇配合"空调"。晚上关闭空调后打开电扇，就可以不用整夜开空调，风扇还能起到使冷气均匀分布于房间的效果。但是，宜选购知名品牌的产品，比如有的电扇全部采用全封闭的电机和航空润滑油，风扇运转时的摩擦更小，耗电量更少。

三、热水器的选择

热水器和空调一样，耗电量一般都比较大，我们也有一些办法助力热水器节能。

家庭常用的热水器分为电热水器、燃气热水器、太阳能热水器。电热水器在储存热水的过程中存在热损失，水温越高，热损失越大，需要挑选保温效果好的机器，并且设定的温度适宜就好，这样可以减少热损失。容量一般根据家庭人口来确定，每人20—25 L即可。如果家里热水用得多，不妨让热水器通电保温，保温一天所用的电比从一箱冷水烧到相同温度的热水所用的电少。

太阳能热水器是最节能环保的热水器，使用寿命相对较长。1平方米的太阳能热水器1年能减少碳排放308 kg。

使用燃气热水器时要格外注意安全：一是燃具要与使用的气源相适应；二是要选择质量合格、售后和维修有保障的品牌；三是要按说明书的要求操作。燃气热水器一次的使用时间不宜超过30分钟。睡觉前要关闭气源管道上的阀门。每年请售后人员上门做一次安全检查。

♻ 第三节　住宅节水 ♻

一、节水龙头的选择

第一，在装修时选择节水龙头。购买时可以试水检测，看水流是否呈现出气泡。选择节水龙头要特别留意阀芯的质量。优质淋浴水龙头使用寿命长，买节水龙头很合算。在购买时应注意查看检测报告。检测报告中，水龙头流量是节水要求的基本技术指标。

第二，选择感应式水龙头。感应式水龙头会在使用者把手移开后自动断水，这将会节约较大的水量。目前还有一种水龙头，叫延时自闭式水龙头，可实现定量给水，能减少不少用水量。

第三，安装洗涤两用节水喷头。可以直接安装在厨房水龙头上，需要时拨动小手柄，水流即能变为喷洒状态，既能防喷溅，又能加快洗涤速度。反向拨动小手柄，水流又能变为集中状态。这种水龙头可以减少四分之一的用水量。

二、洗漱用水的节约技巧

洗漱的时候，开关水龙头不要用力过猛，尤其注意不要将水龙头当成扶手来支撑。在刷牙、抹洗面奶等时间，将水龙头关闭，以减少水的浪费。

洗澡也是用水的集中时间，洗头、涂沐浴露的时候，都可以将水龙头关上。在洗澡时，可以在脚下放一个接水的桶，收集用过的水，可用于冲马桶或擦地。

很多人喜欢泡澡，但是盆浴用水量要大于淋浴，建议洗澡时选择淋浴。实在想盆浴的话，浴缸内的洗澡水不要过满，盆浴后的水可舀出收集，用来冲马桶、擦地等。

如果水龙头出水量少，表示可能存在出水口滤网被杂质堵塞的情况，可将滤网拧下，清除杂质后再装上去，出水量一般都会恢复正常。如果家里装有净水器，上面有排废水管子的，可以把管子接到脸盆里，收集到的废水沉淀后可以用来冲洗马桶。

三、节水马桶的选用

算清容量。带上一个空的矿泉水瓶，关上马桶的进水龙头，在排光水箱内的水后，打开水箱盖，用矿泉水瓶给水箱手动加水，根据矿泉水瓶的容量大致算一算，加了多少水后水龙头内的进水阀会被完全关闭。

称称质量。一般马桶越重越好，普通的马桶质量在 25 kg 左右，好的马桶则为 50 kg 左右。质量大的马桶密度大，材料扎实，品质较好。

考量水件。水件质量的好坏直接影响马桶的冲水效果和使用寿命。挑选时，可按动按钮听声音，一般以能发出清脆的声音为佳。

测试水箱。一般情况下，水箱高度越高，冲力越好。此外，还需要检验抽水马桶储水箱是否漏水。

触摸釉面。质量好的马桶釉面比较光滑。在检验完外表面釉面之后，还应该去摸一下马桶的下水道，如果下水道粗糙，则容易勾住污物。

现场试冲。很多马桶销售店面都有现场试用的装置，可以直接测试冲水效果。

低碳生活宝典
DITAN SHENGHUO
BAODIAN

第六章

绿色环保，低碳出行

　　低碳出行，即在出行中主动采用能降低二氧化碳排放量的交通方式。低碳出行应当成为新时代经济社会可持续发展的重要经济战略之一。其中包含旅行机构推出低碳出行路线，个人出行中携带环保行李、住环保旅馆、选择二氧化碳排放量较低的交通工具等方面。低碳出行方式对环境的影响最小，既节约能源、提高能效、减少污染，又益于健康、兼顾效率，如多乘坐公共汽车、地铁等公共交通工具，环保驾车，或者步行、骑自行车等。本章为大家历数了常见交通工具的碳排放情况，教会大家如何身体力行支持低碳交通发展，在日常通勤中成为低碳环保"达人"。

第一节　交通出行产生的碳排放

一、低碳交通是当务之急

交通工具为人类的生产生活带来了极大的便利，但是，交通工具产生的二氧化碳排放也已成为环境污染、地球变暖的主要"元凶"之一，威胁人类的生存。现在提倡的低碳交通是指以降低交通运输行为的温室气体排放为目标的低能耗、低排放的交通运输方式。对于普通民众，应遵循以下低碳交通原则：

公交优先。在满足出行要求的前提下，优先选择乘坐地铁、公共汽车等公共交通工具。减少私家车的使用频率和时间。

慢行交通优先。在距离不太远且路况较好的情况下，多选择步行、骑自行车等慢行交通方式。

减少交通需要。能就近办的事、能就近购买的物品，不刻意去较远的地方办理。

二、常见交通工具的碳排放

以下是不同交通工具的碳排放（每名乘客每千米二氧化碳当量排放）比较：

短途飞行——255 g；

中型车（汽油）——192 g；

中型车（柴油）——171 g；

中等飞行——156 g；

长途飞行——150 g；

公共汽车——105 g；

中型摩托车——103 g；

汽油车（两人）——96 g；

中型电动汽车——53 g；

客运铁路——41 g；

渡船——19 g。

可以看出，飞行是碳排放最密集的旅行方式。具体来说，需要进一步细分航班类别：

短途飞行：国内短途航班的人均碳足迹最高。

中等飞行：短途国际旅行的人均碳足迹较国内短途航班显著降低。

长途飞行：远距离国际旅行，比如从中国到美国等远距离国家，人均碳足迹相对最低。

当然，步行、骑自行车或跑步是从一个地方到另一个地方碳排放量最低的方式。其他理想的方式包括驾驶电动汽车或乘坐公共交通工具。在中、长途旅行中，火车是相对环保的选择。对于国内短途旅行，开车比坐飞机的碳排放少。

♺ 第二节 "零排放"出行 ♺

一、步行好处多多

步行是一种低碳出行方式。除了低碳，步行的好处还有很多。从健康的角度来说，步行是一种较好的运动，可以强健体魄；从费用的角度来说，能够节约车费、油费等。

步行也有讲究。首先，我们应该选择适宜的天气步行。比如，较热、太冷、下大雨、下雪、刮风等天气条件不佳的时候，可以尽量避免步行，以预防恶劣气候条件带来的不便和危险。其次，要挑选空气质量好的时间段步行。如果空气质量监测提示"不建议外出活动"，则尽量避免外出，尤其不要开展步行、跑步等体育活动。最后，步行也不宜过多，要循序渐进，量力而行。有些老年人由于身体原因不适宜步行，也不要强求，选择适合自己的锻炼方式即可。

二、在骑行中享受生活

自行车在我国是一种普遍的交通工具，骑行也是二氧化碳"零排放"的交通方式之一。

骑行能够提高心肺功能、锻炼肌肉力量、增强耐力、消耗比较多的热量，帮助超重或肥胖的人减肥，还可以刺激人体雌雄激素的分泌，延年益寿。实际上，健康本就是低碳生活的一种表现形式，可以省去不少的医疗费用和相关能源消耗呢！

近几年，共享单车、共享电瓶车已在我国许多城市遍地开花，家中没有自行车或电动车的，也能通过这种方式绿色低碳出行。但提醒大家注意，在租借共享单车和电瓶车的时候，要注意检查车况是否良好，骑电瓶车还需要佩戴头盔，骑行时要遵守交通规则，骑行结束后，将车子停在划定的范围内。

三、其他低碳代步工具

如今，保护环境、倡导绿色出行、发展节能型和新能源汽车已成为全球共识，除了步行和自行车之外，还有一些低碳代步工具。

脚踏三轮车。脚踏三轮车有载人和载货两种，比较方便实用。目前，载人的脚踏三轮车在一些中小型城市还有所保留，或者在一些适合慢慢游玩的景点，租借或乘坐一辆三轮车，边游玩边感受风土人情，颇有情趣。但也需要注意，不得私自在脚踏三轮车上加装动力装置，这是违反交通法的。

新型代步工具。近些年，越来越多的新型代步工具，如滑板车、平衡车等，出现在人们的视野中。这些代步工具大多靠充电运行，比较环保。这类新型代步工具可以折叠，占地面积小，成了很多人喜爱的短途交通出行工具。但是，如果是用作通勤工具的话，需要了解清楚当地的相关要求，因为很多城市目前是限制代步车的行驶范围的。

♺ 第三节　开车上路的明智做法 ♺

一、省油驾驶的技巧

日常生活中免不了有一些必须要驾车出行的场景，在这种时候，如何合理使用汽车，让汽车能够省油低碳，是值得关注的问题。

1. 规划好行车路线。出发前查好地图，选择路况好、不堵车的路线，这样不但能节省不少燃油，还不会让你因为走错路而着急。

2. 合理开窗或使用空调。综合各种车型来看，车速低于70千米/小时时开窗省油，车速高于70千米/小时时开空调省油。但如果行驶在高速公路上，无论是否打开空调，都需要关闭车窗。

3. 给爱车减负。养成经常清理后备箱的习惯，多余的东西会增加汽车的负重。

4. 夏日停车避免曝晒。夏天天热，车辆曝晒后，车内更热，车内越热，车辆启动后需要用空调降温的时间就越长，增加油耗。

5. 避免超高速或低速行驶。车辆都有自己的经济时速，如果车速超过这个速度，车速越快，油耗就越多。一般车辆的经济时速在80千米/小时上下，自驾车时最好把车速控制在经济时速内。

6. 及时保养车辆。首先，检查胎压。过低的胎压不但增加行车阻力，而且还不安全。其次，定期保养。如果车辆不及时保养，就会产生汽油滤清器不畅、空气滤清器不畅等问题，进而增加油耗。

二、合理选择新能源汽车

自诞生起，新能源汽车就被打上了低碳环保的标签。新能源汽车采用电力驱动，在运行的过程中不会排放二氧化碳，但电能是由内能、风能、水能、太阳能等其他形式的能量转化而来的，发电过程中仍会产生碳排放，但与石油相比，电能更具降低碳排放的潜力。

纯电动汽车。纯电动汽车与传统的燃油车有本质区别，需要通过外接电源给车辆电池充电，驱动电动机行驶。纯电动汽车智能化程度也比较高，但是续航里程相对有限，充电过程也要慢得多。

插电式混动汽车。这种汽车是目前消费者接受度较高的新能源车型。它的电池较大，可以外接电源充电，也可以用纯电模式行驶，待电池电量耗尽后再以混合动力模式（以内燃机为主）行驶，并适时向电池充电。

增程式混动汽车。这种汽车的工作原理类似油电混动，但它全部依靠电能驱动行驶，发动机不参与驱动车辆。当电池组电量充足时，采用纯电模式行驶，而当电量不足时，车内发动机启动，带动发电机为动力电池充电，提供电动机运行所需的电力（即增程模式）。

三、选择小排量汽车是绿色新时尚

你是否有这样的想法：买车要买大点的，后备箱要大，后排空间要宽敞，这种车既舒适又气派，接送客人还有面子。其实，这种对汽车的传统认知现在已经过时了，选择适合自己的汽车才是节能环保的好举措。

作为一般的家庭用车，无论是从低碳环保的角度考虑，还是从节约费用的角度看，都应该优先选择低油耗、低污染、小排量的汽车。这样的汽车在城市里车位本就紧张的现状下还方便停车。

汽车越重越耗油，产生的二氧化碳也越多。与经济型的小排量汽车相比，大型 SUV 汽车和豪华汽车的碳排放至少多两倍以上。虽然有时候我们会认为越野型汽车的安全系数高，但它的确比较耗油，需要我们在购车时谨慎根据自身情况进行选择。

低碳生活宝典
DITAN SHENGHUO
BAODIAN

第七章

保护环境，低碳旅游

　　低碳旅游概念的正式提出，最早见于 2009 年 5 月世界经济论坛发布的题为《走向低碳的旅行及旅游业》的报告。报告显示，旅游业（包括与旅游业相关的运输业）碳排放量占世界碳排放总量的 5%，其中运输业占 2%，纯旅游业占 3%。近年来，随着人们环保意识的不断增强，越来越多的人开始不自觉地把低碳作为旅游的新内涵，出行时多采用公共交通工具；自驾出行时，尽可能多地采取拼车的方式；在旅游目的地，尽量采取步行和骑自行车的游玩方式；在旅途中，自带必备生活物品，选择最简约的低碳旅游方式，入住不提供一次性用品的酒店。本章在介绍低碳旅游的方式方法的同时，还为大家介绍了几个知名的低碳旅游目的地，让我们一起走出家门，享受低碳旅游的乐趣吧！

♻ 第一节　低碳旅游的概念 ♻

一、低碳旅游，"小众"时尚

近些年，随着人们生活水平的提高和观念意识的改变，旅游逐渐成为热门字眼，低碳旅游的概念也渐渐为消费者所熟知。低碳旅游就是在旅游中降低碳排放量。低碳旅游是与"奢华游"对应的一种概念，它以低能耗、低污染为基础，是环保旅游的深层次表现。

说到这里，很多人会有疑惑：出门旅游就是来享受的，为何还要如此"艰苦"？实际上，旅行的过程中会不断地产生二氧化碳等温室气体。曾有报告指出，旅游业（包括与旅游业相关的运输业）碳排放量占世界碳排放总量的5%。因此，当低碳环保理念也在旅行中得到践行时，我们就能够成为一名时尚的"低碳旅游达人"。

低碳旅游的核心思想是要我们在制订旅行计划、选择景点及旅行途中，都自觉采取环保低碳的行动，它并没有想象中的那样艰苦。毕竟，旅游就是为了增长见识、了解风土人情、享受美景、放松身心的。

二、低碳旅游的特点

下面，我们一起了解低碳旅游的特点。当了解完低碳旅游的特点后，你就会恍然大悟：哦，原来我一直在践行低碳旅游新理念呢！

第一，交通方式的选择。旅游者在选择旅游交通方式时，应选择低碳旅游交通方式和个人旅游碳排放相对少的旅游路线，前面我们已经讲过，在诸多交通工具中，人均每千米需要的燃料数量从多到少依次为飞机、小轿车、客车和火车。

第二，住宿餐饮的选择。旅游者在选择旅游住宿餐饮服务时，应选择带有绿色标志的旅游酒店，点餐时要量力而行。

第三，旅游活动的选择。旅游者在选择旅游活动时，应注意保护旅游地的自然和文化环境，包括保护植物、野生动物和其他资源。或是选择政府与旅行机构联合推出的相关环保低碳政策与低碳旅游路线等。

第四，行李的准备。个人出行时应携带环保日用品，不使用或少使用一次性用品，如一次性拖鞋、牙具、毛巾等。

♻ 第二节 低碳旅游，从我做起 ♻

一、避开热门景点，制订周详计划

低碳旅游的第一步，就是要在制订旅游计划的时候，就对旅游目标行程提前做好功课，这是为了避免出现高消耗碳的情况。

比如，需要考察想去的旅游景点是否存在过度开发、超出环境承载能力的情况。每一个旅游景区都有接待游客量的承受范围，当旅游者的人数超过这个范围后，会对景区的环境和旅游资源造成很大破坏。在规划旅游目的地时，可以根据出发日期是否为旅游旺季，以及往年该景点的日均接待游客量数据，评估环境承载力，并且密切关注新闻，一旦有该目的地旅游过于火爆等消息，则及时更改目的地或调整时间，这样既能更好地欣赏美景，也能节约一笔不小的费用。在热门景点和热门旅游日期，酒店、餐饮和交通的费用都会比平时高出很多。

二、改变奢华享受的旅游观念

低碳旅游，需要改变奢华享受的旅游观念，强调简单舒适。坐飞机、游艇，住独栋度假别墅和奢华酒店，享受豪车接送等，这些虽能给感官带来刺激享受，但背后却是以高污染、高碳排放为代价的。

如何选择更环保的出游方式呢？比如，我们可以在出行前预订一个距离景点比较近的旅馆，或者选择一个公共交通发达的地区作为旅游目的地。这样做，不光可以节省资金，也更加环保。

曾经有报道，一对英国情侣用行动证明了不借助飞机照样可以游历全球，他们用了约297天的时间，途经18个国家和地区，其间没有乘坐过飞机，而是选择火车、汽车、轮船等碳排放相对低的交通方式完成了行程长达7万多千米的旅行。最美的风景，其实一直在路上。

三、少带行李，多步行

出游少带行李，多步行，也是为低碳旅游助力的方法。

步行不但是低碳的出游方式，而且对健康也很有益处。我们可以在到达旅游目的地后，选择步行或是租借自行车观赏景点，少打车。现在，有些景区都有2人或3人座的观光脚踏车，租借一辆这种脚踏车，可以在骑行时欣赏沿途美景，并且方便随时停下拍照，不失为一种很好的代步方式。不过，要注意安全骑行！

现在，露营这种旅游方式很受民众追捧，如果选择周末自驾去郊外旅游和露营，不妨在汽车后备箱里放上一辆折叠自行车，开车至郊外，改骑自行车，在感受大自然的同时，也切实为低碳做出贡献。

♻ 第三节　低碳旅游景点介绍 ♻

一、浙江三衢石林：全球低碳生态景区

2017 年 11 月，在美国举行的第十二届全球人居环境论坛暨可持续城市与人居环境奖颁奖盛典上，国家地质公园——浙江省常山县三衢石林景区被评为"全球低碳生态景区"。

三衢石林景区位于浙江常山县境内，是浙西风景线上的一个亮点。景区面积 13.49 平方千米，由大古山、三衢山、小古山三部分组成，以天坑、紫藤峡谷、石林迷宫等典型的喀斯特地貌景观为主要特征，石林与藤蔓相互交错，尽现大自然的巧夺天工和无穷变幻。

"全球低碳生态景区"评选标准包括大气、水系、噪声、土壤等环境质量指标是否处于所在国先进水平等 17 项定性指标，以及森林覆盖率、饮用水水质、可再生能源使用率等 7 项定量指标。据了解，经第三方机构测量评估，三衢石林景区 24 项指标均达标，其中地表水常年达到国家Ⅱ类水标准，空气质量达到国家一级标准。

二、峨眉山：老牌"低碳景区"

峨眉山风景名胜区是我国第一个向游客倡导生态、健康、绿色低碳旅游方式的"低碳景区"。景区在 10 多年前就将"低碳"一词植入景区旅游的方方面面，从服务项目、日常服务等方面进行变革。

峨眉山风景区的森林覆盖率一直维持在 95% 以上，并且早就实行了到景区旅游统一乘坐旅游交通大巴的举措，在景区宾馆和农民旅游饭店中明确实行使用天然气等促进节能减排的一系列硬性措施。

近年来，通过数字化建设，峨眉山风景区管理人员对景区的空气、

水源、植被实行 24 小时不间断监控，对旅游酒店和农民旅游饭店的用水用电、环保和污染排放等情况实施不定时监测，景区内运营的观光车采用低碳排放的绿色环保观光车，实现了景区与交通运输、宾馆酒店、餐饮娱乐、旅行社的共同协调发展。

三、张家界：野生动植物与人和谐相处

电影《阿凡达》中原生态的美景给大家留下了深刻的印象，它的拍摄原型就是湖南省张家界景区内的乾坤柱。张家界风景区的核心区域禁止机动车进入，以混合动力巴士和电瓶车用于景区交通，景区的空气十分清新，金鞭溪峡谷中野生猕猴时常出没，与游客和平相处，怡然自得。

据悉，张家界风景区还一直鼓励低碳游览，开展形式多样的低碳出游活动，比如面向全球免票接待低碳旅行者，通过骑行小组带领大家从骑行的角度观赏不一样的张家界美景。很多游客去了张家界后都表示："我现在和将来都会成为张家界的义务宣传员！"

低碳生活宝典
DITAN SHENGHUO
BAODIAN

第八章

享受快乐，低碳休闲

　　休闲是指在闲暇时间内，以各种"玩"的方式求得身心的调节与放松，达到生命保健、体能恢复、身心愉悦的目的的一种生活方式。科学文明的休闲方式，可以有效地促进能量的储蓄和释放，包括对智能、体能的调节和生理、心理机能的锻炼。现在，人们提倡绿色低碳的休闲生活，让休闲帮助我们回归自然、回归简朴，增加心灵的体验。本章从文化休闲和体育休闲两个角度出发，对低碳休闲进行解读，并针对目前大家喜爱的休闲方式，比如家庭种植等，进行详细介绍。

♻ 第一节　文化休闲 ♻

一、文化休闲的魅力所在

随着生产力的提高和生产方式的进步，休闲已全面渗透到当代人的生活方式、行为方式和消费方式中，成为人的生命状态的一种主要形式。休闲质量的高低，直接影响到社会能否全面进步，影响到个人能否完整、全面、健康地发展自己，同时也成为衡量一个国家生产力水平高低、社会文明程度高低，以及人民幸福指数高低的标尺。提倡绿色低碳的休闲生活，发扬人类传统的休闲文化，让休闲帮助人类回归自然、回归简朴，减少贪婪狂躁的欲望，可以增进社会和谐、增加人类福祉。

二、文化休闲的种类

对于老年人来说，找到适合自己的文化休闲方式，培养一项或几项爱好，不仅可以陶冶情操，还能够预防一些老年退行性疾病。比如，书法、绘画都是非常有益于身心的高雅休闲活动，有利于培养艺术素养、提高文化修养，继承和发扬中华优秀传统文化。对于老年人来说，书法、绘画还可以帮助他们训练手指、手腕和手臂的协调性和灵活性，是开阔视野、丰富精神世界、延年益寿、预防老年痴呆的休闲活动。

❁ 第二节　体育休闲 ❁

一、体育休闲的好处

运动可预防肥胖，控制体重。对于老年人而言，可选择适合自己的运动并养成良好习惯，也可以在日常小事上勤快些。

运动可抵御疾病，保持健康。体育休闲令人气血通畅，降低患心血管疾病的风险。经常锻炼可以预防和控制一系列健康问题，如中风、代谢综合征、糖尿病、抑郁症、肿瘤及关节炎等。

运动可带来好心情。体育休闲会刺激大脑释放化学物质，令人开心、放松。长期锻炼让你更加健美，对自己的容貌更加满意，进而增强自信心和自尊心。

运动可使人精力充沛。日常锻炼会增加肌肉力量，让人拥有更强的耐力。锻炼与体育运动有助于人体将氧气和养分输送到各组织，使心血管系统工作效率更高。

运动可改善睡眠。经常参加锻炼，便能入睡更快、睡眠更深。但睡前千万别运动，否则大脑过于兴奋将无法入睡。

二、低碳健身运动

散步、跑步。散步和跑步是锻炼身体最简单易行的方法。要选择环境好、空气质量好、安全系数高的地点和时段进行锻炼。并且结合自身身体情况量力而行，循序渐进，持之以恒，并将步行融入日常生活中，比如买菜等日常活动。

球类运动、广播体操、太极拳、八段锦。适合老年人的球类运动包括乒乓球、台球、羽毛球、门球等。近些年兴起了一种柔力球运动，它不受场地和气候限制，适合单人、多人健身、表演和竞技

比赛，也很适合老年人。此外，太极拳、太极剑、八段锦、五禽戏等运动是中国传统运动方式，讲究刚柔结合，可祛病强身。

此外，游泳也是很好的运动项目，可以提高身体柔韧性，增强心肺功能，还可塑体护肤等。游泳不只是一项体育活动，而且是一种生存技能，在特殊情况下可保障我们的生命。

三、提倡"轻体育"

"轻体育"也称"轻松体育"或"快乐体育"，是欧美体育学者提出的一种大众健身运动形式。"轻体育"的宗旨是静不如动，提倡利用一切可以利用的时间和空间，让身体获得轻度的运动，特别适合没有运动习惯的老年人尝试。

"轻体育"几乎没有什么固定的运动方式。比如慢走，不必特意为此安排时间，在出去买东西、外出逛街时，就可以顺便完成慢走锻炼；再比如听音乐时可以随节奏轻轻摇摆，站着说话时可以顺便做做扩胸运动。

"轻体育"不追求运动量，而强调以调节身体功能为主，主张利用茶余饭后的零散时间见缝插针地活动身体的关节部位。而且，"轻体育"对技术和器械的要求极低，哪怕毫无运动基础的人，只要有健身意愿，就可以立即进入角色，然后只需按照自己的意愿运动就足够了。你可以单独活动，自己一个人静悄悄地进行，也可以在音乐的伴奏中活动，当然也可以集体活动。

第三节 家庭蔬菜种植

一、有土种植

（一）种子处理

1.消毒。种子常常带有细菌，为保证菜苗苗壮成长，播种前最好对种子进行简单的消毒处理。将种子放在60℃的热水中浸泡10—15分钟，然后将水温降至30℃，继续浸泡3—4小时，取出晾干就可以了。

2.催芽。种子需视具体情况决定是否需要催芽。番茄、辣椒、茄子、黄瓜等果菜类蔬菜种子发芽较慢，需要催芽。催芽前先浸泡种子，在育苗盘底垫几层纱布、滤纸或吸水的纸巾，用清水浸湿，把浸泡过的种子控去水后放在育苗盘中，置于气温为28—30℃的环境中1—5天，直至种子发芽露白即可播种。

3.播种。直接播种的，将种子播种到大小适当的栽植容器中就行了。需要移植的，先选用大小适中的塑料盘、玻璃盘等容器作为"育苗盘"。容器中放入培养土，将菜种撒播到容器中，然后覆0.5—1cm厚的土。

（二）播种移苗

蔬菜有两种栽植方式，一种是先育苗，再移栽，一种是直接播种。初学者更喜欢在农艺市场直接购买秧苗回到家里移栽，但豆类、萝卜等不便移苗，而有些蔬菜是必须移植的，如甘蓝、花椰菜、芥菜等。

（三）移栽

秧苗长到一定大小，必须及时移到其他容器中栽植。移植时注意不要损伤秧苗幼嫩的根系。可在掘取菜苗前给土壤或基质充分浇水，这样不仅能减小对菜苗根部的损伤，而且能增加根部的吸水力，

移栽后成活快。一般叶菜类蔬菜的栽植深度以不使最低的叶片被埋没为宜，否则易引起腐烂。

（四）采收

采收的时候要注意通过蔬菜的色泽、质地和硬度等指标判断蔬菜是否成熟。最好在傍晚采收蔬菜，因为傍晚的时候蔬菜内的硝态氮含量最低。采收韭菜等蔬菜时，可只摘其叶，而无须整株拔起，过一段时间，植株上又会有幼嫩的叶子长出。

二、无土栽培

目前适宜家庭无土栽培的蔬菜主要有叶菜类和果菜类蔬菜，不同蔬菜的成熟期、采摘期长短不一，叶菜类一般为1—3个月，果菜类一般为3—6个月。大部分家庭都适合种植。

（一）育苗

将废弃的一次性纸杯等容器消毒并冲洗干净后在底部扎孔，然后填充基质土，洒水保持湿润。浸泡种子，根据种子的大小和外壳的厚薄来决定水的温度。如果种子太小，可以不用泡水直接埋入。为了保证成活率，一个育苗容器放置 2 颗种子。在此期间保持环境温度和湿度。

（二）移苗

出苗后，在小苗株高 5—10 cm 左右，开始准备移植。可以选择基质培或者水培。水培可利用饮料瓶、纯净水瓶等，将瓶子从中间剪开，再把瓶口所在的上半部分从断口处再剪掉一半，瓶口朝下插入下半部分，这样一个水培容器就做好了。水培在移苗时需把小苗的根系在清水中清洗干净，然后在稀释 5—15 倍的营养液中浸泡几分钟后移入水培容器中。

（三）管理

移苗后应缓苗，可根据不同作物的情况来选择放置在阴暗区或是向阳区。缓苗期过后，就可根据不同作物的生长情况来进行施肥、浇水管理了。果菜类作物在进入坐果期前，要利用竹签、旧筷子等物品做好支撑架。随着植物的生长，在经历完赏心悦目的开花期后，就做好大快朵颐的准备吧！

低碳生活宝典
DITAN SHENGHUO
BAODIAN
第九章

更新观念，低碳消费

　　低碳发展，基础在绿色消费；生态文明，离不开人人参与。党的二十大报告强调"倡导绿色消费，推动形成绿色低碳的生产方式和生活方式"，这是加快发展方式绿色转型，促进人与自然和谐共生的基础。"一粥一饭，当思来处不易；半丝半缕，恒念物力维艰。"中华民族具有勤俭节约的光荣传统。因此，文明、合理、科学和理性的消费观也正在成为低碳生活新风尚。本章从消费观的更新出发，为大家介绍了低碳相关产品认证标志，并介绍了低碳采买的小技巧，便于大家在日常生活中识别和选购低碳商品。

♻ 第一节　自觉践行低碳消费观 ♻

一、文明消费

消费是人类通过消费品满足自身欲望的经济行为。消费是国民经济的"三驾马车"之一，在现代人的生活中占据着重要的地位。但是，在追求低碳生活的今天，我们的消费行为也需要做出相应的调整。

文明节俭、量入为出不仅是一种合理务实的消费方式，更彰显了中华民族的传统美德，被人们所推崇。尤其是对经济能力相对有限的普通家庭来说，坚持理性购物，减少浪费，不让贪婪的欲望掩盖生活的本质，不被眼花缭乱的网上物品所诱惑，不被五花八门的优惠促销所打动，使消费回归自然、回到现实，更符合低碳生活的本质。

二、合理消费

合理消费是指使精神消费和物质消费相均衡。它包括以下几个方面：第一，在消费前，可以先做预算，把钱花在关键的地方。现在网络上有很多"套路贷"，其实是利用了部分人群超前消费的习惯，要特别注意，避免上当。第二，避免非理性消费，在自己能够承受的范围内购买经济实用的商品。第三，不与周围的人进行盲目攀比。第四，要用环保的眼光选购商品。第五，要注重精神上的需求，在消费的过程中提升自己的精神境界，不要掉入消费主义陷阱。

三、科学消费

科学消费是指符合人的身心健康和全面发展需要、促进经济和社会发展、追求人与自然和谐进步的消费观念、消费方式、消费结构和消费行为。要想做到科学消费，就要努力提升生活情趣、文化品位、道德修养和理想情操。不要被落后、迷信、腐朽的精神鸦片所麻痹，甚至坠入犯罪的深渊。对于老年人来说，有的人会有"为子孙多留点钱"的想法而不舍得花钱，很多东西都是能凑合就凑合，

财务规划"三要学"
1. 明确财务目标
2. 厘清资产负债
3. 提前做好养老规划

这样的想法是不对的；还有的人会有"把存的钱都花光"的想法而大手大脚挥霍，这样的做法也是错误的。科学的消费是将钱用在恰当的地方，以达到丰富人生体验、增加精神愉悦的目的。

☙ 第二节　低碳相关产品认证标志 ☙

一、国内低碳相关产品认证标志

为了让大家更好地判断一件商品是否为低碳产品，以下对国内低碳相关产品的认证标志进行简单介绍。

（一）无公害农产品标志

无公害是农产品食用安全的基本要求，其标志见图9-1。通过手机短信将标志上的16位防伪码发送至958878，即可查询产品真伪。

图9-1　无公害农产品标志

（二）绿色食品标志

绿色食品是指产自优良生态环境，按照绿色食品标准生产，实行全程质量控制并获得绿色食品标志使用权的安全、优质食用农产品及相关产品，其标志见图9-2。

图9-2　绿色食品标志

（三）中国能效标识

设立能效标识的目的是为用户和消费者的购买决策提供必要的信息，以引导和帮助消费者选择高效节能产品。我国的能效标识将能效分为5个等级：等级1表示产品达到国际先进水平，最节电，即耗能最低；等级2表示产品比较节电；等级3表示产品的能源效率为我国市场的平均水平；等级4表示产品的能源效率低于市场

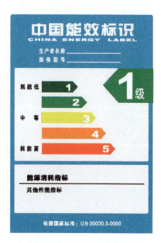

图9-3　中国能效标识
示意图

平均水平；等级 5 是市场准入指标，低于该
等级要求的产品不允许生产和销售。图 9-3
为中国能效标识示意图。

图 9-4　中国环保产品
认证标志

（四）中国环保产品认证标志

环保产品认证旨在推广对环境有利产
品的生产和使用，推动居住环境及自然环境
的改善，力求达到自然环境的良性循环和社
会经济的可持续发展，其标志见图 9-4。

二、国际通用的产品质量认证标志

（一）"CE"标志

"CE"标志是一种安全认证标志，凡
是贴有"CE"标志的产品就可以在欧盟各
成员国内销售，从而实现商品在欧盟各成员
国范围内的自由流通。图 9-5 为"CE"标
志示意图。

图 9-5　"CE"标志
示意图

（二）循环再生标志

循环再生标志也叫作可回收垃圾标志。
可回收垃圾主要包括废纸、塑料、玻璃、金
属和织物五大类。这一标志提醒人们：在使
用完印有此标志的商品后，请把它送去专用
的垃圾桶回收，而不要当作废物扔掉。详见
图 9-6。

图 9-6　循环再生标志

♻ 第三节　低碳采购指南 ♻

一、按需采购，杜绝"囤货"

我们有时候出门逛街，可能会漫无目的地走走停停，在不知不觉中购买了很多原本不急需的东西。低碳采购首要的就是按需采购。出门前，先把需要的东西列个清单。对可有可无的东西，能不买就不买，能少买就少买。很多人对打折商品没有抵抗力，其实，这些东西有时并不是必需品，在家里"囤"了很多反而导致家里的空间很杂乱，因此要特别注意，不要养成把商品采买回家后就放在家里积压浪费的坏习惯。

巧用旧物、善用旧物，自己动手翻新改造，变废为宝。提倡通过规范的二手市场、跳蚤市场对多余的物品进行交换，现在很多 App 或网站都支持购买和出售二手商品，可以通过这些平台将自己不需要的商品换成自己需要的东西。或直接把多余闲置的物品捐赠给需要之人。

二、注意产品保质期和包装安全

检查商品标注的保质期。购买前和使用前注意查看食品、药品、保健品、化妆品等是否过期。选购商品时要注意销售环境是否符合标签上规定的条件，比如冷藏贮存、避光贮存、阴凉干燥处贮存等。

很多人在购物的时候往往会忽略商品的包装。实际上，在选购食品时对包装袋要一看、二闻、三动手。合格的食品包装袋应该无色无味、透明或半透明、有一定强度。如果发现包装袋浑浊不清，有色且分布不均匀，闻上去有异味、怪味，用手摸，会有滑腻感，用手撕，会变长或破裂，出现上述情况就要谨慎选用。不要轻易将塑料包装袋用于包装或盛放高温熟食和油炸食品，以防给健康带来隐患。

三、自备购物袋，少用塑料袋

如果说全世界有什么东西是健康的大敌、环境的梦魇，非那些铺天盖地的塑料袋莫属。大多数使用过的塑料袋最终都进入了垃圾掩埋场，需要几十年甚至上百年才能降解，分解后还会向土壤中释放有毒物质。没有被掩埋的塑料袋，若漂到海洋中，水生生物吞食后可能会因窒息而死亡，在公

① 按需采购，杜绝"囤货"
② 注意产品保质期和包装安全
③ 自备购物袋，少用塑料袋

园、矮树丛或灌木丛中也随处可见。即使塑料袋被动物从身体中排出，依然会损害环境，因为塑料袋会继续向土壤中释放有毒物质，或者变成更小的塑料碎片再次被其他动物吃掉。在城市中，它们会堵住水管，挂在树上，散布在大街小巷。塑料袋不仅造成了资源的巨大浪费，而且破坏市容和自然景观，造成白色污染。

因此，作为环保"达人"，我们在出门采买时请自觉"限塑"，自带布袋子、菜篮子，自备购物篮、拉杆箱、便携手推车，用以替代塑料袋。厚度小于 0.025 mm 的超薄塑料袋是国家明令禁止的，如果有商家提供给我们，可以抵制使用并举报。

低碳生活宝典
DITAN SHENGHUO
BAODIAN

❀ 第十章 ❀

精神减负，心灵"低碳"

　　低碳的心，可以被理解为让心恢复自然的状态，不再紧绷和充满压力，让心充满能量，为自己创造一个轻松、自在和幸福的内在空间环境。生活中的低碳就在我们身边，而心灵的"低碳"在人的思想观念中，需树立正确的世界观、人生观和价值观，克服消极、负面、阴暗的情绪。无论什么年纪，只有不断提升自己，精神世界才会充实丰盈，眼界才会愈加开阔，也才能更有底气、更加从容地面对人生的荆棘坎坷。本章从心灵的"低碳"出发，教大家如何给心灵"放放松，减减压"，安度美好的晚年。

♻ 第一节　享受精神生活的"低碳" ♻

一、什么是心灵"低碳"？

现在有一个流行的说法叫"心灵低碳"，意思是我们的心灵也要像生态环境一样低碳环保，这样才能获得持久幸福的能力。

事业有成、家庭美满、朋友交心、爱人知心……这是每个人梦寐以求的生活状态，然而，有时候不妨想一想：我们只会获得，不会感受，真的幸福吗？

退休后的老同志聚在一起免不了要谈论往事：有的因未能晋升耿耿于怀；有的因没有评上高级职称闷闷不乐；有的则因从事业单位调入企业单位待遇减少悔之莫及。细想一下，我们是不是越来越感到失去了感知幸福的能力呢？我们的心思被太多的美好事物占据了，以致最后居然无法享受到美好，反而被隐隐的焦虑所困扰。如果你也时常有这种感觉，那么，是时候为你的心灵减负了！

二、心理健康的概念及重要性

随着生活节奏加快，竞争压力增大，社会阅历扩展和思维方式变更，我们或多或少会在工作、学习、生活、人际关系和自我意识等方面出现心理失衡现象。实际上，心理健康和生理健康一样，是评判人体是否健康的维度之一。现代医学对心理健康的定义：没有心理疾病；拥有积极向上发展的心理状态。

在现实生活中，心理健康和生理健康是互相联系、互相作用的。如果一个人性格孤僻，长期处于抑郁状态，就会影响内分泌，使抵抗力降低。一个原本身体健康的人，如果老是怀疑自己得了病，就会整天郁郁寡欢，甚至一病不起。现代医学中有一类疾病叫作"心身疾病"，指的是一组发生发展与心理社会因素密切相关，但以躯体症状表现为主的疾病。其主要特点包括：心理社会因素在疾病的发生与发展过程中起重要作用；表现为躯体症状，有器质性病理改变或已知的病理生理过程；不属于躯体形式障碍。现在，你应该对心理健康的重要性有了更加深入的认识了吧！

三、老年人心理健康的标准

有关学者制定了 10 条评判心理是否健康的标准：

1. 充分的安全感。

2. 充分地了解自己。

3. 生活目标切合实际。

4. 与外界环境保持接触。

5. 保持个性的完整与和谐。

6. 具有一定的学习能力。

7. 保持良好的人际关系。

8. 能适度地表达与控制自己的情绪。

9. 有限度地发挥自己的才能与兴趣爱好。

10. 在不违背社会道德规范的情况下，个人的基本需要得到了一定程度的满足。

可以对照以上标准，看看自己是否是一位心理健康的老年人。

第二节 给心灵"减减压"

一、心理压力的产生原因

我们将具有威胁性或伤害性并由此带来压力感受的事件或环境称为压力源。以下是4种类型的压力源：

躯体性压力源，是指通过对人的躯体直接发生刺激作用而造成身心紧张状态的刺激物，包括物理的、化学的、生物的刺激。

心理性压力源，是指来自人头脑中的紧张性信息。例如心理冲突与挫折、不切实际的期望以及与工作责任有关的压力等。

社会性压力源，指导致个人生活方式发生变化，并要求人们对其做出调整和适应的情境与事件。

文化性压力源，最常见的是文化性迁移，即从一种语言环境或文化背景进入另一种语言环境或文化背景中，人面临全新的生活环境、陌生的风俗习惯和不同的生活方式，从而产生压力。

二、压力源如何危害健康

很多人会把压力视为一种情绪或心理状态，这种认识当然没错。但是，当压力出现得过于频繁且持续时间过长时，产生的反应不仅会影响大脑，还会对全身的器官与细胞造成伤害。

第一，影响心血管健康。遇到压力时，肾上腺会释放"压力荷尔蒙"——皮质醇、肾上腺素及去甲肾上腺素，使心跳加速、血压升高，时间长了会引发高血压，还会增加心脏病或中风的患病率。

第二，影响正常消化功能。当大脑感受到压力时，会激活自主神经系统，继而向肠道传递压力信号。除了让人感到紧张外，还会导致肠易激综合征，同时使人更容易出现胃酸、胃灼热等症状。

第三，影响寿命。如果想要更长寿，必须减少慢性压力。因为压力会让染色体终端即端粒的长度变短，而染色体的端粒恰恰会影响细胞寿命。当染色体终端太短时，意味着一个细胞的死亡。

不仅仅是这些，压力还会从更多方面去危害健康，比如痤疮、脱发、性功能障碍、头痛、精神难以集中、疲劳、易怒等。如果我们能够将压力视为可以控制的挑战的话，晚年生活会更加幸福健康。

三、心理压力自测法

下面列举了 30 项可用于自我诊断的症状。在这些症状中，若出现 5—10 项，属于轻微紧张型，适当休息便可以恢复；若出现 11—20 项，属于严重紧张型，有必要看医生；若出现 21 项及以上，就会出现适应障碍的问题，要引起特别注意。

1.经常患感冒，且不易治愈。

2.常有手脚发冷的情形。

3.手掌和腋下经常出汗。

4.会突然出现呼吸困难的苦闷窒息感。

5.时有心脏悸动现象。

6.有胸痛情况发生。

7.头部有沉重感或不清醒的昏沉感。

8.眼睛很容易疲劳。

9.有鼻塞现象。

10.有头晕眼花的情形。

11.站立时有发晕的情形。

12.有耳鸣的现象。

13.口腔内有破裂或溃烂情形。

14.经常喉痛。

15. 舌头上出现白苔。

16. 面对自己喜欢吃的东西，却毫无食欲。

17. 常觉得吃下的东西像沉积在胃里。

18. 腹部有发胀、疼痛的感觉，而且经常下痢、便秘。

19. 肩部很容易坚硬酸痛。

20. 背部和腰经常疼痛。

21. 疲劳感不易消除。

22. 有体重减轻的现象。

23. 稍微做一点事就马上感到很疲劳。

24. 早上经常有起不来的倦怠感。

25. 不能集中精力专心做事。

26. 睡眠不好。

27. 睡觉时经常做梦。

28. 在深夜突然醒来后不易继续入睡。

29. 与人交际应酬时提不起劲。

30. 稍有一点不顺心就会生气，而且时有不安的情形发生。

第三节　中老年人的心灵"低碳"宝典

一、陶冶性情，心平气和

在日常生活中，如果我们能以心平气和的心态去应对，那么人体的气机也就自然畅和，心性也就豁达明朗了。现在很多老年人都有自己的爱好，拉二胡、弹钢琴、下象棋、练书法、学唱戏，吟诗作画，唱歌跳舞，展示厨艺，这些爱好都能增添生活乐趣，优化生活质量。

练习书法就是很好的爱好。书法是一种展现文字美的艺术表现形式，要写好书法，更需要心平气和。老年人勤练书法，不再百无聊赖，还可怡养性情，变得心平气和，豁达开朗，有利于家庭和睦，有利于邻里和谐。老年人在练习中既可以享受书法带来的乐趣，又可以在潜移默化中影响教育后代，对于晚辈起到示范作用。老年人寄情于书法，给心灵减负减压，能养成良好的性格及心理素质，对身心健康都有极大的好处。

二、摆脱孤独，乐享人生

人到老年，有些人因为工作和家庭的变故以及自己生理机能的退化，会变得性情急躁、固执己见、主观武断，稍有芥蒂就大动肝火。还有的老年人性情孤僻，终日闷闷不乐。这些心理状态对身心健康都有极大危害。

若想健康长寿，就要"笑一笑，十年少"。相对于年轻人，老年人更需要有一个开阔的心胸，不管遇到什么事情，都要泰然处之，不可耿耿于怀，要做到心胸无时无刻不"坦荡荡"，"大肚能容天下最难之事"，乐观开朗，知足常乐。

有的老年人时常会感到孤独，这时候，就需要寻找让自己摆脱孤独的方法。享受大自然是最好的方法之一，可以在公园散步，骑自行车，观赏鸟类和欣赏美妙的风景。还有的老人会养宠物，宠物可以帮助人们消除孤独，让人更快乐。听听愉悦的音乐也是一种放松心情的方式。此外，还可以尝试认识新朋友。公园、社区，甚至网络，都是交朋友的好地方。例如，通过社交媒体发布自己在旅行时拍摄的照片，和大家一起分享旅途的风景。但需要注意鉴别，切忌向任何人泄露隐私信息。

三、从容处世，宠辱不惊

《菜根谭》里有句话描写了人生至高至美的境界："宠辱不惊，闲看庭前花开花落；去留无意，漫随天外云卷云舒。"人在退休后或者在遭遇一些变故后，容易有从云端跌落进尘埃的感觉，有人从此一蹶不振，但也有人能迅速调整自己的状态，做到从容处世，宠辱不惊。

要知道，祸兮福之所依，福兮祸之所伏。人的傲慢之心一旦蔓延，便会让顺境慢慢从身边悄悄溜走。而人也不可能一直处在逆境之中。得意时淡然，失意时坦然。只有在变化中不忘初心，保持谦卑，对自己有清醒的认识和要求，才不会被外界的熙熙攘攘扰乱心智。这何尝不是一种为心灵"减碳"的方法呢？

低碳生活宝典
DITAN SHENGHUO
BAODIAN

第十一章

优良习惯，美好生活

　　研究表明，过量饮酒会危害大脑神经，香烟中含有的尼古丁等有害成分易导致肺部疾病。每少喝 1 瓶白酒，可减少碳排放 2 kg，每少喝 1 瓶啤酒，可减少碳排放 0.2 kg，每少抽 1 盒烟，可减少碳排放 0.02 kg……可见，戒烟限酒有利于身心健康并减少碳排放。本章从我们日常生活中常见的烟、酒出发，为大家介绍烟草对环境和身体的危害以及过量饮酒的害处，并倡导大家践行戒烟限酒的生活方式。此外，随着现在人们外出就餐频率的增加，食物浪费的现象也比较严重，如何更好、更低碳地请客吃饭呢？本章将为你带来外出就餐的低碳技巧。

❀ 第一节　关于吸烟这件事 ❀

一、远离烟草，低碳环保

烟草业对环境的危害巨大，烟草在整个生命周期中都会污染地球并损害人的健康。

首先，烟草危害土壤。烟草的种植对土壤肥力消耗极大，种完烟草的土地很难种植其他作物。很多国家都曾因烟草种植出现土地荒漠化，导致动植物的生存环境遭到破坏，生物多样性也因此受到影响。

其次，烟草污染空气。有统计表明：一支烟在其"生命周期"中约排放 14 g 二氧化碳；中国每年因吸烟产生的二氧化碳排放量约为 3386 万吨。全国吸烟者每天少抽一支烟，全年就能减少碳排放 212 万吨。

再次，烟草还会消耗大量水资源。一支烟的"生命周期"需要消耗 3.7 L 水，包括种植、制造等环节。按照一名吸烟者每天消耗 16 支香烟计算，如果戒烟，每天将节省近 60 L 水。

最后，烟草会产生垃圾污染。全球范围内，每年因烟草产生的废料有 2500 万吨左右，约有 4.5 万亿支卷烟会被丢弃在环境中。香烟过滤嘴的主要材料是醋酸纤维素，它在自然环境里很难降解。这些长期存在于环境中的废弃物很可能会被鸟类和海洋生物误食，对其健康形成威胁。即便是电子烟，由于烟弹的制作过程中使用了塑料、金属、

远离烟草

浓缩尼古丁等材料，也会对环境造成危害。

另外，吸烟还极易引发火灾。据消防部门统计，近十年因吸烟引发的火灾高达 19.7 万起，相当于每天有 50 多起火灾是因吸烟引起的。在全国发生的重大、特别重大火灾中，因烟头处理不当起火一直高居起火原因第三位，仅次于用电不慎和用火不慎。

你准备好远离烟草了吗？

二、二手烟、三手烟，危害健康又破坏环境

有些老烟民会认为，自己都吸了一辈子的烟了，这时候戒烟，肯定是戒不掉的。至于"二手烟"，我不在孩子和其他家人面前吸烟，不就没问题了吗？

事实上，吸烟不仅是一种个人行为，它还会影响身边不吸烟的人群。除了我们经常提及的"二手烟"，"三手烟"的影响也不容小觑。"三手烟"是烟草燃烧后留在物体表面和灰尘中的烟草烟雾及化学成分的残留物。比如进入一些宾馆房间，明明看不到有人抽烟却闻得到烟味，墙壁上还有被烟熏出的黄色污渍，这些都是"三手烟"留下的痕迹。"二手烟"会很快消散，但"三手烟"却能存在很长时间。它除了会吸附在墙壁、窗帘、地毯、家具等物体上，还会从附着物上重新释放并悬浮在空中，与室内空气中的其他化合物反应后产生新的污染物。"三手烟"的危害持久且隐匿，对婴幼儿的危害最大。有些人即便不在孩子面前吸烟，但其头发、衣物上仍然会沾染"三手烟"，对孩子造成伤害。有研究表明，接触"三手烟"的婴幼儿体内所含尼古丁代谢产物是完全不受烟草影响的孩子的 7 倍。为了子孙后代的健康和环境的清洁，你现在还能心安理得地吸烟吗？

第二节 关于饮酒这件事

一、健康养生可无酒

我国的酒文化源远流长，古代文人骚客也多喜欢把酒言欢。有的人觉得喝酒可以养生，比如，喝红酒能美容养颜，还有一些人会通过喝药酒来提高抵抗力，强身健体。其实，喝酒本身不具备养生功效，就算酿酒的过程中使用的其他食材、药材等营养价值高，但加入酒精之后就会产生刺激性，经常喝酒会导致血压变化，甚至伤害肝脏而引发疾病。

对于老年人来说，一旦饮食或者睡眠上出现不合理的情况，身体就开始给自己亮黄灯了，尤其是平时喜欢喝上两口酒的老年人，要更加注意自己的身体，酒最好是不喝。从环保的角度来说，在夏季的 3 个月中，每月少喝 1 瓶啤酒，每人每年就可以节约 0.23 kg 标准煤，相应减排二氧化碳 0.6 kg；而如果每人每年少喝 0.5 kg 白酒，就能节约 0.4 kg 标准煤，相应减排二氧化碳 1 kg。

二、酒虽粮食莫贪杯

相信很多人都听说过"酒是粮食精，越喝越年轻"这类的俗语，的确，古老的酿酒技术可追溯到商朝时期，当时酿酒的工艺是将果实、粮食蒸熟，加酒曲后发酵压榨，酒可视作果实谷物的精粹。但是，无论是从健康角度还是环保角度，长期、大量饮酒造成的伤害都是巨大的。

从身体健康方面来说，一次性喝大量酒容易导致急性胰腺炎。长期过量饮酒会导致酒精性脂肪肝，进而会发展成肝硬化，甚至肝癌。酒精进入人体后 30 秒就可以到达脑部，进而影响脑部及神经系统，

长期大量饮酒会导致老年性痴呆、帕金森病的发病率大大升高。长期过量摄入酒精会影响心肌的正常功能，使心肌越来越无力，最终的结果就是演变为慢性的心力衰竭。

从低碳环保角度来看，白酒从生产的过程开始就排放大量的二氧化碳。首先，酿酒的冷却水多数为热水，如果不经过降温处理温度会很高，因此必须冷却后经过生物处理才可以排放。这就造成了二氧化碳排放。其次，大气污染。酿酒的过程中需要消耗大量能源，比如煤炭、天然气。如果是燃煤的话，那就会有大量的硫化物和粉尘以及二氧化碳排放出来；如果是烧天然气，那么会产生大量的二氧化碳，也会造成大气污染。最后，固废污染。在酿酒过程中，粮食和曲药粉碎的环节会产生一定量的粉尘；酿完酒剩下的酒糟，在堆积区域也会有固废产生。

如果一直没有饮酒习惯，建议将良好的生活方式进行到底，拒绝喝酒。如果已形成饮酒习惯，那么也建议在节日、聚会时小酌一两杯，怡情即可，切莫豪饮，更要避免醉酒伤身。

♻ 第三节　就餐的低碳方式 ♻

一、按需点菜，光盘行动

"浪费可耻，节约为荣，尊重劳动，珍惜粮食"是中华民族的优良传统。现在，越来越多的人习惯于外出就餐，由此带来的"舌尖上"的浪费现象也很严重。在餐桌浪费现象中，婚丧宴请、商务宴请等注重排场的交际场合，浪费现象最为突出，其潜在原因是不少人讲究排场，以及攀比心理和虚荣心作祟，为了面子进行炫耀性消费，从而造成较大浪费。

实际上，外出就餐时点菜也有一些诀窍：

1.不要一次性点太多。请客不是点一大桌子菜才能显示自己的诚意，大家吃饱吃好，才是最好的待客之道。

2.点菜要看就餐人数。对于菜肴分量适中的餐馆，一人一道菜是不错的参考标准，凉菜数量占总菜量三分之一左右。一桌菜最好有荤有素，有冷有热，蒸煮煲炖尽量全面。如果是10个人就餐，基准是点10个菜；装菜的盘子大的话就减少1个菜，装菜的盘子小则增加1个菜；有老人、幼儿和女性则减少1个菜，青壮年男性和青春期少年多则增加1个菜；有带馅小吃或点心则减少1个菜；素菜、凉菜多则增加1个菜。

3.主食尽量提前上桌。不少人直到酒足菜饱时才想起来点主食，这时主食就容易浪费。其实提前吃主食，先垫垫胃，既能减少油腻食物的摄入量，减轻肠胃负担，还能在喝酒时减少酒精对胃壁的刺激，延缓酒精的吸收等。

4.提前了解餐馆特色。可以在点菜前在网上查查，看看餐馆的招牌菜和特色菜是哪些，点这些菜多半都不会错。有调查表明，餐馆菜肴中浪费最少的就是特色菜，基本上都能吃光。

二、餐馆的选择

第一，选择有餐饮服务许可证或者食品经营许可证的餐饮服务单位。简单理解就是就餐的饭店必须是经过市场监督管理局检查的。

第二，选择信誉等级较高的餐饮服务单位。监管部门根据餐馆的基础设施和食品安全状况，评定 A、B、C 三个信誉度等级，分别用大笑、微笑和不笑三种卡通形象表示。消费者应尽量到贴有"大笑"或"微笑"标签的餐馆就餐。

第三，查看饭店餐饮服务食品安全信息公示栏。公示栏内一般有食品安全管理员、食品安全监督责任人、从业人员健康证等信息。这里重点看从业人员健康证件是否在有效期内。

第四，选择在阳光厨房、透明厨房用餐。大家可以通过透明的玻璃查看食物的加工过程。

第五，查看餐具消毒情况。如查看一次性的消毒餐具是否破损，是否有水或者异物等情况。

A级:优秀
A–Excellent

B级:良好
B–Good

C级:一般
C–General

第六，用餐完毕及时索取发票。如果就餐完毕后身体出现不适，应第一时间就医，保存好相关诊断报告和检查报告，向市场监督管理局及卫生行政部门进行投诉。

三、少进行露天烧烤活动

烧烤是城市里街头巷尾的美食之一，很多人在露营时也会进行露天烧烤活动。烧烤固然美味，但烧烤产生的油烟却危害着我们脆弱的环境。

烧烤使用的燃料多为木炭或焦炭，燃烧时会产生大量的煤烟、煤渣、煤灰，对空气产生严重污染。不仅燃料产生污染，掉在燃料中的油脂、肉渣、调味品等在燃烧时也产生污染，各类油脂滴在炭火上而产生的浓烟，其气味十分难闻，并含有污染大气环境的细颗粒物。这些污染物随烟气排放，使摊点周围弥漫着危害身体健康的气体。

为减少露天烧烤带来的影响，应减少露天烧烤的次数，度假时可以将提前做好的饭菜带到野外，吃完后再将垃圾收拾好带回来。每个社会成员既是环境保护的受益者，又是环境污染的制造者，更应该成为治理污染的积极参与者。从自身做起，自觉抵制露天烧烤，确保城市环境整洁有序，共同创建宜居幸福的生活环境。

低碳生活宝典
DITAN SHENGHUO
BAODIAN

◆第十二章◆

绿色与低碳

　　2020年9月，习近平主席在第七十五届联合国大会一般性辩论上宣布，中国二氧化碳排放力争于2030年前达到峰值，努力争取2060年前实现碳中和。要达到"双碳"目标，除了进一步推进可再生能源代替化石能源、减少工业碳排放等"减排"措施外，将大气中的二氧化碳重新固定下来的"固碳"措施同样重要。而在固碳的方法之中，植物就有着重要作用。本章为你阐述植物和低碳之间的关系，相信你一定听说过一个观点：植树造林能够环保减碳。但是，陆地上的碳存储能力是无限的吗？我们应该种植什么样的植物才能达到减碳、固碳的目的呢？尤其是现在很多人喜欢在家中摆放一些植物，用来装饰家居、调节心情，那么我们应该如何选择和自家家居风格匹配的植物呢？如果想自己动手养护植物又该如何做？本章将一一为你解答。

♻ 第一节 植物和碳排放 ♻

一、地球上没有足够的树木来抵消碳排放

植物从大气中吸收二氧化碳，将其转化为树叶、木材和根。人们由此希望，植物可以作为气候变化的自然"刹车"，吸收化石燃料燃烧所排放的大量二氧化碳。表面上看，植树造林这一措施确实可以降低二氧化碳含量。但是，不适当的植树造林不会降低二氧化碳含量，且陆地上的碳存储能力是有限的。地球的陆地生态系统可以容纳足够多的额外植被，从大气中吸收 400 亿到 1000 亿吨的碳。一旦达到这个量，陆地上就没有额外的碳储存能力了。

遗憾的是，我们目前正以每年 100 亿吨碳的速度向大气中排放二氧化碳。自然消解过程难以跟上全球经济发展造成的温室气体泛滥的步伐。因此，我们需要从源头上削减碳排放，并寻找其他策略来消除已经在大气中积累的碳，而不是被植树计划误导而自满。

二、植物的减碳作用

虽然我们说过地球上没有足够的树木来抵消碳排放，但植树对环境的改善，效果还是很明显的。对于空气中的颗粒物（粉尘），包括 $PM_{2.5}$，植物也有一定的吸附作用。植物还有一个功能就是增温增湿，比如很多大型城市建造城市绿地，就是为了使居住环境更宜居，空气质量更好。

大家可以回忆一下，在十几年前，我国的北方城市，春天时风沙都很大，还时常会出现沙尘暴现象，这几年，通过植树造林，防尘固沙，风沙天气明显减少了。很大原因是我们提出并践行"生命共同体"的理念，也就是说，人类和山水林田湖草沙合起来，

组成了生命共同体，号召人类要尊重自然、顺应自然和保护自然。

三、不同植物的固碳效果

固碳指的是增加除大气之外的碳库碳含量的措施。利用植物来帮助固碳是一种具有实际意义的方法。简而言之，即植树造林，通过植物自身的生态功能来降低碳排放，延缓温室效应，保护环境。

泡桐、槐树、黑松、乌桕的固碳释氧能力领先，单株每天能够固定 500 g 以上的二氧化碳，释放 360 g 以上的氧气。固碳能力较强的灌木有木芙蓉、八仙花、黄杨、绣线菊、栀子、八角金盘、女贞等。固碳能力较强的竹种有长叶苦竹、慈孝竹、箬竹等。固碳能力较强的草本植物有荷花、鸢尾、睡莲、大吴风草、大花萱草、玉簪、美人蕉、芍药等。固碳能力较强的藤本植物有紫藤、络石等。

白玉兰、红花檵木、日本晚樱、山茶、罗汉松等城市绿化的"颜值担当"，在固碳能力上却不尽如人意。

♻ 第二节　家庭绿植 ♻

一、绿植花草让家室更宜居

大家都喜欢在家里摆放几盆绿色植物，既能起到美化家居的效果，还能净化空气、环境，对身体健康也有益。那么，如何在家中布置绿植呢？

（一）根据绿植特点进行布置

植物一般分为独植、对植以及群植三种方式。独植是家居绿化选用较多、较为灵活的

形式，适合近距离观赏植物形态。对植讲究对称呼应，呈现出均衡稳定的特点。群植主要有两种：一种是同种花木组合；另一种则是多种花木组合。

（二）考虑家具陈设因素

家中的所有东西都可当作一个整体，想要营造最佳的家居环境，每一个细节都不能放过，室内绿化除了单独布置之外，还可以跟家具、灯具、陈设等结合布置，形成有机整体。

（三）组成背景形成对比

绿植通过独特的形、色、质等，不管是鲜花还是绿叶，也不论是屏障还是铺地，把它们集中布置形成背景。比如，在客厅沙发的一侧摆放一盆较大植物，另一侧摆一盆较矮植物，在近邻花架上摆上悬垂花卉，别看这种布置很不对称，但它却能给人协调之感。

（四）容器的选择

盆栽的容器不能喧宾夺主，但是巧妙运用容器可以让原本普通的植物变得特别，而且很多容器本身就可以作为装饰。尽量为盆栽植物选择漂亮的容器，旧水桶或者藤编筐等也可以。

二、绿植与装修风格的搭配

（一）中式

中式装修崇尚优雅，讲求对称美。宁静雅致的氛围适合摆放古人喻之为正人的高尚植物元素，如兰草、青竹等。叶片宽大的龟背竹、发财树正好体现大气、端庄的气韵。

（二）欧式

欧式装修寻求文雅的豪华感，适合用花朵繁复的玫瑰、向日葵、非洲菊衬托。欧式装修更重视花盆的赏玩，室内置花也以水养插花为主。可以在旧货饰品店淘两个古铜花瓶，再配插几枝百合、蔷薇，用清水养。

（三）现代简约

现代简约风格的家居设计以简洁明快为主要特色，是家居界中的"百搭"风格。放几盆吊兰在电脑桌的书架上，立株巴西木来净化空气，摆盆散尾葵在飘窗前，随便且自然。孩子手工课上制作的太阳花陶土盆，踏青时带回的铁线蕨等，均可以用于装饰家居。

（四）田园

提倡"回归自然"的田园风格是现在很流行的家居风格。中式田园可以用青竹矮墙做隔断，再配上蓑衣草编的卷帘。欧式田园可在窗台种上各色小花，室内则可以选几个原木小方盆，或者是藤编的花篮放上小雏菊。美式田园风可以通过搭配不开花的绿叶植物来凸显绿意。

三、低碳环保的室内绿植介绍

（一）常春藤

常春藤是常绿攀缘植物，叶形美丽。家庭盆栽时，可以把它吊挂起来，让枝叶自然下垂，非常优美。

（二）吊兰

吊兰叶子秀美，具有很强的观赏性，可以起到很好的净化空气的效果，而且它的环境适应能力强，非常好养。

（三）芦荟

芦荟是肉质茎叶，叶色翠绿，不仅有很高的药用价值，也经常被作为盆栽来观赏。适合用来点缀书桌、几架及窗台。

（四）富贵竹

富贵竹寓意美好，茎叶纤细，柔美高雅，摆放在客厅还能起到净化空气的效果，很多人都会用花瓶水培富贵竹来观赏。

（五）虎尾兰

又叫千岁兰，有较多品种，株形优美，叶色亮丽，对环境的适应能力强。适合摆放在书房、客厅、办公场所等。

（六）龟背竹

龟背竹叶形奇特，四季碧绿，对改善环境的空气质量非常有帮助，适合用于装饰客厅、书房、走廊，近几年非常受人们的欢迎。

第三节　绿植养护

一、花盆的选择

花盆是家庭养花不可或缺的，很多人在选择花盆的时候最关注花盆的颜值，但是花盆的材质也同样需要关注，有些花盆可以帮助花草生长得更加旺盛，有些花盆却适得其反，想要养好花，选对花盆很重要。

（一）塑料花盆

塑料花盆是最常见的花盆，质量轻、价格便宜，还不怕磕碰。但塑料花盆的透气性和透水性一般，长期放在室外非常容易老化脆裂。

（二）瓷质花盆

瓷质花盆虽然价格比较贵，但是颜值却非常高，看起来给人一种干净、高档的感觉。但是，瓷质花盆的透气性不好，质量较重，用来养一些根系比较粗壮的植物，不仅移动不便，还容易烂根。

（三）陶土花盆

陶土花盆适合用来养花，没有上釉的陶土盆透气性和透水性都非常好，没有积水的烦恼。但陶土盆自重很重，难以移动，而且陶土盆可吸收水分，建议用其养一些比较喜欢干旱环境的植物。

（四）玻璃花盆

玻璃干净透明，像绿萝、吊兰这一类的植物可利用玻璃花盆来水培，摆放在家里不仅非常好看，还能净化空气，增加空气湿度。但是，家里有小孩的朋友要注意，玻璃花盆易碎，若不小心摔碎了要特别小心，防止被碎片划伤。

（五）紫砂花盆

紫砂花盆不仅颜值高，透气性和透水性也非常好，养花的效果自然也很好。一些自带优雅气质的植物和紫砂盆搭配起来会显得更加优雅。

二、不用杀虫剂的花草除虫法

我们在养花的时候不免会碰到病虫害的问题，很多人选择到花卉店购买杀虫剂。但是，杀虫剂会进入土壤、江、湖、地下水中，造成环境污染，并进入动植物体内，通过食物链，最终毒素会进入人体。有一些办法能够在不用杀虫剂的情况下消灭常见的病虫害。

（一）早发现，早治理

如果发现变色的叶片或残枝败叶等，一定要及时清除，这些带病枝叶很容易感染真菌，招来害虫。如果发现有害虫侵扰，及时在相应部位喷上酒精，可以轻松消灭。

（二）驱离鼻涕虫、蜗牛

鼻涕虫和蜗牛会吃掉植物的叶子，可以将一些洗干净并晒干的鸡蛋壳碾碎后撒在植物四周，也可以将咖啡渣撒在植物四周，以驱离鼻涕虫和蜗牛。

（三）制作天然杀虫剂

1.洗衣粉溶液：将2g洗衣粉和500g水混合，加上1滴植物油

（有黏附效果）。2.肥皂液：肥皂和热开水按 1 ：50 的比例溶解。3.柑橘皮液：取柑橘皮 50 g，在 500 g 水中浸泡 24 小时，再将溶液过滤后使用。

（四）种植驱虫草

自然界中存在着一些天然的驱虫植物，可以通过混种的方法驱离部分害虫。常见的驱虫草有薄荷、香茅、万寿菊等植物。

三、提高植物成活率的种植方法

有的人养的花草枝繁叶茂，葱葱郁郁，看起来让人赏心悦目，有的人虽然也种植了不少花草，但成活率很低。在日常生活中，有一些办法能够帮助提高植物的成活率，一起来看看。

（一）温室育苗

有些种子虽然能在 3 月份的时候进行播种，但由于这段时间温度忽冷忽热，多数种子都不能够顺利地生根发芽，所以需要尽量给它营造出温度相对稳定的环境。可将种子在温水中浸泡 24 小时以上，激发细胞活性，使其早日发芽。与此同时，也可以用泡沫箱填土栽种植物，泡沫可以在微生物的逐渐分解下转化为植物生长所需的养分，同时泡沫箱也可以起到保暖的作用，抵御寒流。

（二）露天养护最好给植物罩上"天窗"

有些植物刚刚上盆的时候，由于活性较低且适应能力不足，很容易枯萎，因此在植物刚上盆时需要适当避开太阳直射或是寒风，可以在中午温度稳定在 15℃以上的时候将植物搬到室外沐浴阳光。温度一旦降低，可以给植物罩上透明的塑料袋，既能保温保湿，又不影响叶片吸收光线，进行光合作用，合成养分。

（三）成株花苗养护需要多注意水、肥管理

不论是什么样的植物，在盆栽的情况下，过多或过少地浇花、追肥都会有负面影响。需要掌握正确的尺度，做到见干浇湿、不干不浇，勤施薄肥。在施肥期间要完全断水，以免积水导致根部腐烂。

低碳生活宝典
DITAN SHENGHUO
BAODIAN

第十三章

垃圾分类

　　地球是我们赖以生存的家园。我们在改造环境的同时，地球有时也在遭受着不可逆的破坏。据联合国环境规划署估计，每年有超过 640 万吨垃圾进入海洋，海洋垃圾中 80% 来自陆地，而在来自陆地的垃圾中，占比最大的是食品包装和塑料袋。现在，你知道垃圾的危害了吗？本章从介绍减少生活垃圾的方法出发，倡导大家少购买过度包装的商品，教会大家废物的重新利用和可循环使用物品的处置等方法，并结合垃圾分类工作，介绍日常生活中各类垃圾的处置办法，帮助大家给生活做"简"法，倡导健康、低碳、简洁的生活方式。

♻ 第一节　力所能及，减少生活垃圾 ♻

一、不购买和消费过度包装的产品

你是否在超市里见到过包装复杂的礼盒？你也许点到过包装盒和包装袋套了一层又一层的外卖，在电商平台买的商品被包裹着厚厚的泡沫、纸壳……商品过度包装现象非常普遍，这样既浪费资源、能源，又增加消费者负担。我们在购物的时候需要擦亮眼睛。

选购商品时，一要"仔细看"，要看商品的外包装是否为豪华包装，包装材料是否属于昂贵的材质，是的话就拒绝购买。二要"详细问"，问清商品包装层数，判断粮食及其加工品的包装是否超过了3层，其他类食品及化妆品的包装是否超过了4层，超过就属于过度包装。三要"认真算"，测量或估算商品外包装的体积，并与允许的最大外包装体积进行对比，看是否超标，并对商品本身的体积和分量有清楚的认识，这样就能知道是否为过度包装了。

二、学会废物的重新利用

勤俭节约是中华民族的优良传统。在物质丰富的今天，节约既能降低生活成本，积累财富，又能节约资源，为子孙后代造福。有些废物通过合理的再利用，可以成为很有用的日用品。

空洗涤剂瓶变哑铃　废物利用

塑料瓶：饮料喝光后，空的饮料瓶可以用来装面条、豆子之类的生食，拧上盖子密封保存，不怕摔也不怕撒。

洗涤剂瓶：家里多多少少都会有一些空的洗涤剂瓶，这些瓶子同样很难被降解。如果将细沙倒入瓶中，就得到了一对新的哑铃。

零食盒：平时大家都常吃些饼干、坚果之类的零食，我们可以将坚硬又漂亮的零食包装外盒裁剪开来，归置在抽屉里作为分格，装些零碎小件。

厕纸芯：厕纸一般有两种类型，一种是带纸芯的，一种是不带的，平时应尽量选择不带纸芯的厕纸，将纸卷放入布袋包挂在厕所里，抽取很方便。带纸芯的厕纸用完后，剩余的纸芯可以用来收纳电源线、网线之类的家用电线，即将这些电线团紧后，塞入纸芯再保存。

三、循环使用不可避免的东西

循环利用是指对废弃物进行再利用的过程，随着公众环保意识的提高，人们越来越关注环境，更加提倡物品循环利用，有些物品是可以直接进行再利用，从而减少对环境的污染的。

买菜或是去超市购物时记得带上自备的篮子或是环保袋，果蔬之类的可直接存放，可减少塑料袋的使用；外出用餐时带上自己的餐盒装剩菜；遥控器用可充电电池；永远使用陶瓷餐具和布质餐巾；牙刷在过了使用期限后尽量不要丢，牙刷的刷毛非常柔软，用来刷洗各种卫生死角非常合适，而且牙刷用来刷鞋要比鞋刷更加地保护鞋子；废弃衣架可以做成置物架，用来放置常用的东西；淘米水则可以用来浇花。

⚘ 第二节　垃圾分类 ⚘

一、生活垃圾的分类原则

很多城市都已经在实行生活垃圾分类。生活垃圾分类即通过分类投放、分类收集、分类运输、分类处置，把有用物资从垃圾中分离出来重新回收、利用，变废为宝。简单地说，垃圾不分类就是垃圾，垃圾分类后就是资源。

生活垃圾分为四种，分别是：可回收物、厨余垃圾、有害垃圾、其他垃圾。其标志见图13-1。

可回收物主要包括废玻璃、废金属、废塑料、废纸张和废织物五大类。废玻璃包括各种玻璃瓶、碎玻璃片、暖瓶等。废金属包括易拉罐、罐头盒等。废塑料包括各种塑料袋、塑料泡沫、塑料包装（快递包装纸是其他垃圾）、一次性塑料餐盒餐具、硬塑料、塑料牙刷、塑料杯子、矿泉水瓶等。废纸张包括报纸、期刊、图书、各种包装纸等。纸巾和厕所纸由于水溶性太强不可回收。废织物包括废弃衣服、桌布、洗脸巾、书包、鞋等。

可回收物
Recyclable

有害垃圾
Hazardous Waste

厨余垃圾包括剩菜剩饭、骨头、菜根菜叶、果皮等食品类废物。

有害垃圾是指对人体健康或者自然环境造成直接或者潜在危害的生活废弃物，包括废灯管、废油漆、废杀虫剂、废化妆品、过期药品、

厨余垃圾
Food Waste

其他垃圾
Residual Waste

图 13-1　常用生活垃圾分类标志
示意图

废电池、废灯泡、废水银温度计等。

其他垃圾是除可回收物、厨余垃圾、有害垃圾外的生活垃圾，主要是指危害比较小，没有再次利用价值的垃圾。包括砖瓦陶瓷、渣土、卫生间废纸、瓷器碎片、动物排泄物、一次性用品等。

二、有害垃圾的处理办法

刚才我们已经了解了有一类垃圾需要被划分为有害垃圾，包括废灯管、废油漆、废杀虫剂、废化妆品、过期药品、废电池、废灯泡、废水银温度计等，它们需要单独投放到专用的垃圾桶内，以便于进一步处理。有害垃圾可能会对人体健康或者自然环境造成直接或者潜在危害。废旧电池中含有汞、镉、铅和锰等对环境和人体有害、有毒的重金属，如果随意投放，废电池表皮经过长期的日晒雨淋逐渐破损，重金属成分会通过破损处渗入土壤和地下水中，人们食用受污染土地生产的农作物或饮用受污染的水，有毒重金属会进入人体并慢慢沉积下来，对人体健康造成极大危害。同样，水银温度计里含有汞，和废旧电池对人体造成危害的原理相同。

分类投放有害垃圾时，要注意轻放。其中，废灯管、过期药品等易破损的有害垃圾应连带包装或包裹一起投放；盛装杀虫剂等的压力罐装容器，应排空内容物后投放；在公共场所产生有害垃圾且未发现对应收集容器时，应携带至有害垃圾投放点妥善投放。

三、厨余垃圾的处理办法

对于日常的厨余垃圾，首先要做到分类处理。在丢垃圾的过程中定点分类丢弃，从而为厨余垃圾的后续处理带来便利。

此外，还可以在家中尽量二次利用厨余垃圾，比如将蔬菜果皮等做成环保酵素，动物内脏、油脂等做成堆肥，用来种植花草等。

　　目前，市面上出现了一种便捷的厨余垃圾处理器，可以处理剩菜、剩饭、菜叶等，也能处理果皮、鱼刺、菜梗、蛋壳、茶渣、骨头、贝壳等垃圾。它利用高速旋转的永磁电机带动研磨腔中的转盘，食物垃圾在离心力的作用下相互撞击，在极短的时间内（一般家庭使用大概仅需十几秒便可处理完毕），将食物垃圾研磨成细小的颗粒顺水流排出管道。有条件的家庭可以尝试。

♻ 第三节　极简生活 ♻

一、给生活做"简"法

你是否听说过一个很有意思的"三七法则"：一部手机，70%的功能都是没用的；一间房子，70%的空间都是闲置的；家里的东西，70%都是不会再用的……现在，越来越多的人意识到了这一点，开始改变自己的生活状态，尝试一种叫作"极简生活"的生活方式。极简既能给身心减负，也可避免被不必要的欲望和消费所绑架。

我们的物质和精神生活在近些年都得到了极大的丰富。有些老年人会觉得，不断接受新鲜事物代表自己没有"落伍"，殊不知，有时我们反而会被这种感觉所累，不能静下来感受生活的美好。更何况，越来越多的物质会造成很多不必要的污染和碳排放，这当然和我们想要实现的低碳生活背道而驰了。因此，是时候给你的生活做"简"法了，既让生活更简单，也让心灵减减负。

二、极简生活该如何"简"？

（一）物质极简

极简生活，首要的就是物质极简，过量的物质填充不仅不能使生活变好，反而会让精神世界拥挤不堪。极简生活提倡简化物质欲望，对物品有更好的规划和管理。

（二）信息极简

请点开自己的微信群或者是收藏夹看看，你在无意中存了多少条信息。你总以为自己以后会用得上，但实际上，你可能半年、一年都没有点开过这篇文章再阅读一次。任何事情都是贵在行动，收藏夹里的内容也是一样。所以，从现在起，卸载不用的 App，定期整理自己的收藏夹，只保留自己最想关注的内容。

（三）交际极简

你有没有过这种感觉：认识的人越来越多，微信里连名字也不知道的好友也多了起来。仔细想想，我们真的需要这么多的朋友吗？其实，大多数社交都是无效的，真正的聪明人不会刻意迎合某些复杂的关系。让你的社会关系简单化，你会发现，最后留在身边的朋友才是真朋友。

（四）生活极简

我们时常听到"管住嘴，迈开腿""每天睡足8小时""每天运动30分钟有益健康"这类的健康忠告，但是真正能够坚持的人少之又少。如果你总是处于毫无规律的生活状态中，那么你的人生状态也只会越来越糟。当极简生活成为习惯时，你就会感受到，日子依旧平淡无奇，却能让你心神愉悦。

三、极简的背后是提质

过去，极简生活被认为是精英阶层的专属，但是，在物质条件改善的当下，越来越多的人因为尝试极简获得全新的生活体验。在践行极简生活时，请找出对你而言最重要的4—5件事：回顾过往的一切，工作、家庭、孩子、业余爱好、第二职业等等，哪些是最令你看重的？哪些是你最喜欢的？哪些是属于你毕生追求的？如果你的内心已经获得了答案，请舍去那些与这个答案格格不入的选项，你会发现，极简就是这么容易做到。就像有人说的那样："厘清生活中重要事项的优先级，才能真正有的放矢。"

低碳生活宝典
DITAN SHENGHUO
BAODIAN

第十四章

低碳办公与学习

　　低碳办公与学习是指我们在工作和学习中要尽量减少能量的消耗，从而减少碳排放，特别是二氧化碳的排放。比如，在办公、学习活动中使用绿色资源，使用可回收利用的办公、学习用品等等。随着科技的进步，我们可以逐渐实现远程办公、无纸化办公等各种节能环保的办公形式，让享受科技成果和节能环保"两不误"。本章为大家介绍了办公、学习中最常用的几种工具，如纸张、图书、电脑的节能使用方法，宣传了即时通信工具代替纸质书信的益处，助力办公、学习低碳环保。

♻ 第一节 避免浪费纸张 ♻

一、无纸化办公、学习

世界自然基金会指出，每年全球纸张产、用量已达 3.2 亿吨，也就是说，全球每分钟有 36 片足球场那么大的森林被砍伐。随着人们环保意识的增强，各行业对工作、学习模式需求的不断升级，以及现代化、信息化建设步伐的加快，无纸化办公、学习成为越来越多人的选择。

无纸化办公是指在不用纸张办公的环境中进行的一种工作方式。老年人在日常生活中免不了要写写画画，如完成老年大学的课程作业等，所以，无纸化办公、学习，我们也不能掉队。

首先，我们很多人有读书的习惯，有的书可能只是翻几页，或是没有反复阅读的价值，这时可以考虑购买一个电子阅读器，或者直接在平板电脑上下载读书 App，或者是在网站上阅读，既节省了购书费用，也避免了纸张浪费。

其次，有的人习惯在精美的笔记本上做笔记，有的人习惯用空白的 A4 纸随性发挥。如果你之前就习惯使用图示等方式做笔记，推荐你选择像 Xmind 这样的思维导图工具来达到目的；如果你对于笔记的写作本身就有一套自己的法则，那么，你需要的仅仅是拥有纸质笔记本结构的空白笔记 App。

最后，我们都有一些常用的档案需要进行管理，比如简历、病历、邮票、车票、机票、电影票等，对于这些材料，我们可以尝试无纸化管理。现在很多办事机构都要求上传电子材料，可以将证件拍个照存在手机相册里或电脑中，使用的时候直接上传，避免再跑一趟办事机构。如果有条件，还可以购买一台扫描仪，或者是扫描、打印、复印一体的机器，更加方便进行档案和纪念册的管理。

二、重复使用图书

国家新闻出版署数据显示，近 5 年全国中小学课本及教学用书、大中专教材、业余教育课本及教学用书的零售数量，平均每年约 28 亿册，金额超 200 亿元。根据这一数据，如果全国当年零售的课本及教学用书能全部循环使用，1 年可节约 200 多亿元，这是一笔多么巨大的费用！实际上，我们日常生活中所使用的图书，有很多是可以购买二手图书的，或者是使用完毕可以进行转卖、捐赠的。

比如我们常用到的课本，内容相对固定，大约要 3—5 年一换，我们完全可以购买上一届同学使用过的课本，并且对课本进行保护，这样课本还可以给下一届的学生继续使用。

再比如说，很多图书我们已经读过几遍，处于闲置状态，这时，二手图书交易平台对于这些旧书来说就是一个很好的去处。要知道，线上二手书的交易近几年日渐火热。二手图书交易平台上，我们既可以是买家，选购自己需要的二手书，也可以是卖家，将不用的书放在平台上进行售卖，这样，大家手中的闲置图书就能流动起来，发挥图书传递知识、传播文明的价值。

三、合理使用草稿纸

虽然我们现在提倡无纸化办公、学习，但是，还是有很大一部分的老年人习惯于在纸上做笔记、练字、抄报等。合理使用草稿纸也能做到物尽其用，低碳环保。

首先，我们要注意节约用纸，对草稿纸进行规划，大致分区，标注序号，字稍微写得整齐一点。这样自己的思路就会十分清晰，想要做的事情也一目了然。其次，要尽量把纸写满，纸张要双面使用，或者是将正面有文字的印刷品的反面用作草稿纸。最后，家中的一些旧练习本，其中未用完的纸张可以裁剪下来装订成册，当作草稿本使用。家中若有废报纸，日常也可以在废报纸上练习画国画和写毛笔字。

♻ 第二节　电脑的低碳使用法 ♻

一、适度降低屏幕亮度，环保又省电

现在我们大多数人会使用电脑来娱乐、办公、学习等。实际上，电脑的耗电量也不容小觑，而显示屏是电脑耗电的"大户"，我们在日常使用电脑时，适当调低屏幕亮度，既环保又省电。大家现在基本上是一家一台电脑，甚至是一人一台电脑，试想一下，如果大家都行动起来，能节约多少能源呢？

大多数的家用电脑，都可以通过电脑的"控制面板"，进入"硬件和声音"模块，在这里就能看到调整屏幕亮度的按钮了，或者是在电脑键盘的 F 功能键中寻找调整屏幕亮度的快捷键，更加方便快捷。

二、日常保养，增加电脑使用寿命

除了屏幕亮度的调整，我们还有一些办法能够帮助电脑节电：

第一，屏幕保护程序越简单越好，最好是不设置屏幕保护程序，因为运行庞大复杂的屏幕保护程序，可能会比正常使用电脑更加耗电。我们可以把屏幕保护设为"无"，然后在电源使用方案里设置关闭显示器的时间，直接关闭显示器比设置任何屏幕保护程序都会更省电。

第二，很多人将电脑关机后都不关闭电源，实际上，关机之后不将插头拔掉，会有约 4.8 W 的能耗。每次用完电脑后，都要关闭电源，也别忘记关闭与电脑相关联的硬件的电源，比如打印机、复印机等，这些机器在待机模式也会消耗电能。

第三，电脑需要经常保养。电脑主机积尘过多会影响散热，导致风扇满负荷工作，显示屏积累灰尘也会影响屏幕亮度。因此，平时要注意对电脑进行防潮、防尘处理，并定期清除电脑上的灰尘，这样既可节电，又能延长电脑的使用寿命。

三、久用电脑注意适当休息

（一）使用电脑注意坐姿

使用电脑时，坐姿应以舒服为宜。一般是：膝盖处形成直角，大腿和后背形成直角，手臂在肘关节形成直角。肩胛骨靠在椅背上，双肩下垂，下巴不要靠近脖子，眼睛与屏幕的距离应在 40—50 cm。此外，电脑椅高度很重要，以膝盖能自然弯曲 90 度或略向前倾，脚平放于地面为宜。将显示器中心调到与胸部处于同一水平线上，桌下有足够的空间摆放双脚，不要交叉双脚，以免影响血液循环。

（二）使用电脑勤休息

连续使用电脑 1 小时后，应该休息 10 分钟左右。使用电脑时，要经常改变坐姿，背部靠在椅背上，头向后仰，眼望天花板，伸个懒腰也是一种不错的放松方式。

（三）避免光线直射显示器

使用电脑时间过长，眼睛容易疲劳、干涩、充血，甚至导致视力减退。这时，保护眼睛最好的方法就是休息，切勿连续操作。室内光线要适宜，不可过亮或过暗，避免光线直接照射在显示器上而产生干扰光线。若眼睛感觉干涩、发痒，先将眼睛闭起来休息几分钟，再睁开，不要用手去揉眼睛，可以滴入适量的眼药水，再闭眼休息几分钟。

第三节　通信的低碳方式

一、即时通信代替纸质书信

以前，我们习惯于用信件和亲友建立联系。随着通信技术的不断发展及手机、电脑的广泛使用，电子邮件、短信、微信、QQ 和其他一系列即时通信工具迅猛发展。现在，我们习惯于在微信上添加好友，随时分享生活趣事、心得感悟，还能创建或加入群聊，和三五志同道合的好友一起畅聊。这些即时通信工具拉近了彼此间的距离，也让我们能够更便捷地生活、社交。

在互联网日益普及的现代，用 1 封电子邮件代替 1 封纸质信函，可相应减排二氧化碳 52.6 g。如果全国有三分之一的纸质信函用电子邮件代替的话，那么每年可减少耗纸约 3.9 万吨，节约 5 万吨标准煤，减排二氧化碳 12.9 万吨。若非必要，我们可以逐步尝试使用电子邮件、短信等方式进行社交活动，既减少了纸张的使用，也相应减少了在书信邮寄过程中所耗费的能源。

二、不煲长时间的"电话粥"

许多人现在都有煲"电话粥"的习惯，特别是家人、朋友身处异地，在日常联系的时候，有时候一个电话就要打上数小时。

其实，煲"电话粥"的危害可不小。有的人捧着手机，在马路上忘乎所以地说个没完，以致提包、钱包被偷都不知道。有的人频繁地接听电话，对听力造成损害，而且这样的行为如果持续久了还可能引起神经性耳聋。还要注意的是，当前市面上很多手机在待机状态下的温度只有 30℃，而满负荷运行的时候能达到 40—50℃的高温，人体正常的表皮温度处于 36—37℃的范围，高于表皮温度的物体接触面部时间过长，可能会导致低温烫伤。

　　因此，对于电话的使用也应该要有限度，打电话的时长应该得到控制，一次通话的时长最好不要超过 3 分钟。如果是在公共场所接打电话，要尽量缩短时间。打电话时，最好不要把手机直接贴在面部皮肤上，可以改用免提通话模式，一旦手机发热，令面部不舒服，就要立即停止通话。这样也可以最大限度地降低对听力的损伤。

低碳生活宝典
DITAN SHENGHUO
BAODIAN

第十五章

变废为宝

　　每天，我们的生活中都会出现很多垃圾，垃圾对环境的危害我们已经在前面的章节中介绍过了。但是，你知道吗？每个人对于垃圾和废品的定义是不同的。也许你家垃圾袋里的废品，在他人眼中还有可充分利用的价值。本章将为大家介绍如何让垃圾摇身一变成为宝贝。在本章内容的学习过程中，鼓励大家动动手，将身边废弃的小物件变成有使用价值的物品。要知道，用心发现，生活中处处是宝。让我们一起加入低碳生活的行列，从身边的小事做起，动动巧手，变废为宝。

♻ 第一节　厨房边角料的变废为宝 ♻

一、厨房边角料变废为宝

日常生活中有很多看上去不起眼的废弃物品，巧妙利用后竟然能发挥出意想不到的功用。

厨房是家庭不可或缺的组成部分。厨房里有很多物品，乍一看只能扔进垃圾桶，但是，只要我们学会合理利用，也能将厨房中的废弃物变废为宝。

（一）边角料也能成为美食

萝卜是一种常见的蔬菜，相较于萝卜，萝卜缨的营养也不少，可以选择凉拌萝卜缨，或者将萝卜缨剁碎了混合猪肉糜包馄饨。剩下的萝卜皮也别扔，加点盐、糖、醋、香油，就是一道好吃的下酒小菜。

芹菜叶也是个宝，比如和面加芹菜叶烙饼，凉拌芹菜叶，芹菜叶做馅包饺子等，还可以把芹菜叶当香菜用，提味也非常好。

很多人在用冬瓜煲汤时都会把皮削掉，但是，冬瓜皮有很高的药用价值，煲汤时不用削掉，用刷子洗干净外皮，连皮一起入汤炖煮，能让汤品的口感略显清甜。

平时做菜剩下的蔬菜边角料可以收集在一起，用来熬制"素高汤"，用其煮面既营养又美味，尤其是给小孩吃，不加调味料也不会显得寡淡。

（二）边角料当花肥

准备几个盆子，先在盆中铺一层一寸厚的土，将碎菜叶、果皮放入盆中后再铺一层土，反复这样做，直到盆中装满土（要保证最后一层必须是土）。往盆中加水让其发酵。发酵完成后将其搅拌均匀，这便成为栽培花草的肥料。

二、随身携带零星物品收纳工具 DIY

有时候，我们轻装外出的时候需要随身携带一些小物件，现在让我们一起利用塑料瓶来制作便携小收纳器。这个便携小收纳器可以收纳钥匙、急救药片、手机 SIM 卡、SD 数据卡等小物件。

首先，准备一个塑料瓶，用小刀沿着塑料瓶瓶颈位置将瓶口割下来。再拿出另一个瓶盖，用剪刀戳两个小孔，两个小孔一个在瓶盖上面，一个在瓶盖侧面，两个孔的位置以能够穿进钥匙环为准，孔戳好后再穿上一个钥匙环。

然后，用热熔胶在瓶口的边缘涂一圈，将两个瓶盖粘起来，再用小刀将瓶口边上多余的胶去掉，这样一个小巧的收纳器就完成了。这个小收纳器还可以挂在钥匙扣上随身携带。

❖ 第二节　旧衣物的变废为宝 ❖

一、旧牛仔裤制作牛仔布围裙

同一条牛仔裤穿的时间长了，可能会出现褪色、缩水、局部破烂等情况，可以将旧牛仔裤改造成围裙，既防水，又柔软耐磨，干家务的时候佩戴非常合适。

牛仔布围裙制作步骤如下：

第一，找一条旧牛仔裤，把牛仔裤铺平在地板上，用剪子在牛仔裤裤裆的位置把左边的裤腿剪断。再用剪子把牛仔裤右边的裤腿也剪断，右边的裤腿要和左边的裤腿剪得一般长。

第二，把牛仔裤翻过来，用剪子在牛仔裤的中线部位剪开。当剪刀剪到牛仔裤的裤带部位的时候，因为这个部位比较厚，所以要用点劲剪。

第三，用剪刀把裤裆部位修剪一下。再把裤腿铺平在地板上面。用剪刀把不整齐的地方剪去。然后取 2 cm 左右的宽度，用剪刀剪出一条布条。用同样的方法再剪出另一条同样宽的布条。用剪刀在布条的接头处剪开。

第四，把两条布条缝合在做好的围裙上面，缝合的时候把布条和围裙的里面都朝外，然后进针开始缝合，这样从外面看就不会看见缝合口了。围裙的另一面也采用同样的缝合方法。

二、旧衣物制作眼镜袋

老年人基本都会配备一副老花镜。但是，我们经常会忘记把眼镜放在哪里了，或是放在沙发上不小心坐上去，好好的一副眼镜就此"报销"。我们可以利用家中不穿的旧衣物，为自己和家人制作上几个布袋，用来装眼镜、手机、钥匙、零钱、水杯等，既环保又时尚。

首先，将废旧衣服的袖子剪一只下来，并将裁剪的地方仔细修剪后，翻转过来。

其次，将袖子窄的一端用针线缝上。缝好后，在另外一端的中间，用剪刀剪一个口子，顺着口子将袖子翻出一条边来。用针线将翻转过来的边缝上，留出口子便于系带子。

最后，找一根细绳，穿过刚刚留好的口子，系上带子，一个简易的眼镜袋就做好了，再也不怕眼镜找不到而满房间乱转啦！

♻ 第三节　纸张的变废为宝 ♻

一、旧杂志制作折纸玫瑰花

家里的旧杂志越积越高，如何处理呢？我们可以用它们制作富有新意的纸玫瑰花，点缀在任何你需要的地方。

纸玫瑰花制作步骤如下：

第一，将书页撕下进行染色，画出玫瑰花瓣的形状后剪出若干片。

第二，用手随意揉搓，或用笔杆弯卷花瓣来达到逼真的视觉效果。

第三，用胶水将花瓣底部粘在一起，顺序是由内而外交叉叠加，花朵的大小决定所需花瓣数量。

第四，将绿色的废纸包裹铁丝后搓成细条状，制作成玫瑰花的枝干。

第五，将枝干和花骨朵连接，并适当弯折成形。

二、旧报纸制作折纸笔筒

将一张旧报纸平铺在桌面上，从报纸的一角向它的斜对角开始卷，卷到最后的时候用胶固定，防止卷好的报纸散开。这样就形成了一根直直的棍子了。做笔筒的时候要根据想要做的笔筒造型卷出多根棍子来，以备后续使用。

报纸卷好了以后，再把用报纸做成的棍子卷成自己喜欢的样子，再用胶枪打胶来固定造型。

然后，用制作好的大小不一的纸卷来组装笔筒。最大的圆饼纸卷做笔筒的底座，较粗的圆筒纸卷放在底座的中间，一大一小连体

的圆筒纸卷固定在中间的圆筒纸卷上。比较细的圆筒纸卷按高矮顺
序排列在中间圆筒纸卷的一边,最后将小圆饼纸卷放在空余的位子。

　　先摆出自己满意的造型，再一一固定。等胶干了以后，一个用
废旧报纸做的创意笔筒就完成了。

附录一

学校简介

1998 年，浙江老年电视大学经浙江省教育委员会批准，由浙江省老龄工作委员会、浙江省人事厅、浙江省总工会联合创办。目前，学校隶属于浙江省卫生健康委员会。

浙江老年电视大学是一所"没有围墙的大学"。办学以来，学校始终贯彻"增长知识，丰富生活，陶冶情操，促进健康，服务社会"的办学宗旨，坚持"学无止境，乐在其中"的办学理念，通过电视节目，网络视频点播与下载，第二、三课堂，讲师团送课等形式开展老年教育，讲授适应现代生活的社会科学文化知识，帮助老年人实现老有所学、老有所教、老有所为、老有所乐的目标。

学校开设身心健康、家庭和谐、社会交往、快乐休闲、文化修养等方面的课程，邀请浙江省内高等院校、医院、科研院所的专家授课。讲课内容通俗易懂，采用案例化教学，实用性、科学性强。每年分春、秋季学期，每个学期有 2 门电视课程。8 门课程考查合格者，颁发"浙江老年电视大学毕业证书"。

入学方式：社会和农村老人到当地的社区（村）教学点或基层老龄组织报名；各地离退休干部、职工可到系统或部门建立的教学点报名，也可就近就便到住所地教学点报名。

学习方式：老年学员可根据自己的需求爱好，选择居家收视学习或在教学点集中收视学习。

联系地址：杭州市环城西路 31 号（邮编：310006）

联系电话：0571-87053091　0571-87052145

电子邮箱：60edu@zjwjw.gov.cn

附录二

2023 年秋季学期教学计划

《低碳生活宝典》共 15 讲，分 15 周播出，具体安排：

日　　期		课　次	教学时间
周五（首播）	周六（重播）		
2023 年 9 月 1 日	2023 年 9 月 2 日	第一讲	9：00—9：30
2023 年 9 月 8 日	2023 年 9 月 9 日	第二讲	9：00—9：30
2023 年 9 月 15 日	2023 年 9 月 16 日	第三讲	9：00—9：30
2023 年 10 月 13 日	2023 年 10 月 14 日	第四讲	9：00—9：30
2023 年 10 月 20 日	2023 年 10 月 21 日	第五讲	9：00—9：30
2023 年 10 月 27 日	2023 年 10 月 28 日	第六讲	9：00—9：30
2023 年 11 月 3 日	2023 年 11 月 4 日	第七讲	9：00—9：30
2023 年 11 月 10 日	2023 年 11 月 11 日	第八讲	9：00—9：30
2023 年 11 月 17 日	2023 年 11 月 18 日	第九讲	9：00—9：30
2023 年 11 月 24 日	2023 年 11 月 25 日	第十讲	9：00—9：30
2023 年 12 月 1 日	2023 年 12 月 2 日	第十一讲	9：00—9：30
2023 年 12 月 8 日	2023 年 12 月 9 日	第十二讲	9：00—9：30
2023 年 12 月 15 日	2023 年 12 月 16 日	第十三讲	9：00—9：30
2023 年 12 月 22 日	2023 年 12 月 23 日	第十四讲	9：00—9：30
2023 年 12 月 29 日	2023 年 12 月 30 日	第十五讲	9：00—9：30

以上课程由浙江电视台新闻频道播出。同时在浙江省老年活动中心网站（www.zj-ln.cn）（zjllwydx）、华数电视浙江省老年活动中心远程教育学院定制频道、微信公众号提供视频下载或点播学习。